林政学講義

永田 信 [著]

東京大学出版会

Lectures on Forest Policy
Shin NAGATA
University of Tokyo Press, 2015
ISBN 978–4–13–072065–6

はじめに

『林政学講義』という書名は，東京大学での私の講義内容を書物にしたからという単純な理由です．とはいうものの，じつは講義名称は，私がこの講義を始めたころは確かに「林政学」でしたが，途中から「森林政策学」に変えています．したがって，本書も森林政策学講義という名前にしてもよかったといえます．にもかかわらず，『林政学講義』という書名にしたのは，林政学という用語にこだわりがあったからです．また，政策学ではないという思いも，森林政策学という用語を避けた理由の1つといえるでしょう．

林政学とはなにか．それは森，林に住む人たちの暮らしにかかわる学問といえます．森といい，林といい，日本語では山といういい方もありえますが，そこで暮らす人たちは，森，林，山からの恵みを享受し，あるいは脅威を感じながら生活をしています．私は暮らし，あるいは生活を重視したいと考えますので，経済学的な観点からとらえているつもりですが，そこで暮らす人と人との関係も重要であり，社会学，あるいは政治学的な観点も重要であり，歴史的観点も重要であると考えています．さらには，今日の人と人の関係には行政や法的な関係も考慮に入れる必要があります．学問分野ないし分析手法から話を進めましたが，分析対象は森林，その産物である木材や非木材森林産物，水源涵養機能や山地災害防備といった森林の環境維持機能や，観光資源としての森林と山村，また山で暮らす人々をはじめ，森，林，山にかかわる人々や社会制度も対象といえるでしょう．

林政学という言葉は，100年以上前にこの学問がドイツから紹介されたときに，ドイツ語のForstpolitikという用語が訳されたものですが，その後，今日まで使われてきた歴史があります．ほかの大学では森林政策学という言葉が多く使われるようになり，私もそれにならって学部の講義名を森林政策学としてしまいましたが，大学院での講義名称は林政学のままですし，研究室の名称も林政学研究室のままです．

少しく東京大学林政学研究室の歴史を振り返りつつ，代々の教授の教科書を軸に，林政学がどう規定されてきたのかをみてみましょう．まず，研究室は1893年9月に林学第3講座として創設されたところまでさかのぼります．94年に川瀬善太郎教授が初代担当教授となるまで，第2講座の本多静六助教授が林政学を講じられました．林政学の最初の教科書は94年，本多静六助教授著の『林政学前編——国家と森林の関係』(本多氏蔵版)ということになります．本多は「林政学は主として国家と森林との関係を論じ」と述べ，かなり広い概念として林政学を規定しています．川瀬は1903年の『林政要論』(有斐閣書房・成美堂)で「森林及び林業を国家経済上より論究し彼れが最大利益を給する原理を知る是れ即ち林政学の要旨なり」と述べ，林業をより重視する立場と考えられます．薗部一郎『林業政策 上巻』(西ヶ原刊行会，1940)は「詳しく謂へば林業政策学であり，略して林政学とも謂ふ」としていますが，島田錦蔵『林政学概要』(地球出版社，1948)は「林政学とは，森林および林業が国家および国民経済において占むるところの経済的ならびに文化的地位を研究の対象とし，併せて如何にこれを指導し，又はこれに干渉すべきかの政策原理を考究する学である」としており，本多の規定にかなり近いものになっています．塩谷勉『林政学』(地球社，1973)では，序説に「林政学は林業政策学と同じ意味であり」と述べ，再び林業色が強くなっています．

代々の教授による林政学の規定を振り返りましたが，林政学の学問対象として，林業をどれほど重視するかが，歴史的に変遷してきたことが読み取れます．これに関連して，半田良一の評価に同意するところが大きいので，若干長いのですが，引用してみましょう．半田良一編『林政学』(文永堂出版，1990)では「林政学が林学の一分科として確立した20世紀初めの頃は，『森林政策』が一般的な呼び名であった．……しかし，1930年代後半から意識的に『林業政策』と呼ばれることが多くなり，その状況が1970年代半ばまで続いた．……近年は……市場メカニズムの埒外にある森林の環境効果や文化的役割が注目を浴びるようになり，これを反映して『林業政策』から『森林政策』への転換を主張する意見をしばしば耳にする」「編者は，『森林政策』……の呼び名を汎用するのにためらいを感じている．……この見地から，……『林政』という中立的な言葉を用いることにした」と述べています(なお，塩谷は九大教授ですが，数少ない島田教授による博士号授与者です．半田は京大教授ですが，東大の林政

学教授を 2 年間兼務しています)．

　もう 1 つ，林政学の概念規定にかかわる変遷として，林政学を研究している学徒たちの学会である林業経済学会の歴史のなかで，林政学の扱いがどう変わったか，みてみましょう．

　林政学という学問はドイツ官房学の流れを汲んで講じられてきた経緯があり，戦後になり，それに反発する若手研究者たちが林業経済研究会を立ち上げた歴史もあります．官房学ではなく，批判的検討を行う学問として，主にマルクス経済学が若手研究者たちの拠って立つ手法だったといえるでしょう．その林業経済研究会は，今日の林業経済学会の前身です．林業経済学会は，現在では実に多彩な研究分野と研究手法を網羅しています．林業を研究テーマにしていない研究者も，また経済学的手法を用いない研究者もたくさんいます．学会名称と研究内容に齟齬があるのではないか，そうであるなら学会名称をどうにかしようと，学会名称検討委員会が何度か立ち上げられ，もう何年も検討がなされてきました．最終的な結論は，学会員たちの研究内容を的確に表す名称を捻り出すのは無理だということであり，名称の変更にはいたらなかったのですが，学会名称検討委員会の委員長は，「新林政学宣言」なるものを発表しました．私なりに解釈するならば，ありうる名称は林政学会だったのでしょうが，林業経済研究会の設立の経緯から，それもとれないということだったのではないでしょうか．

　私が書名を考えるにあたり，林業経済研究会の設立の経緯に縛られる必要もないですし，この (研究手法にしても研究対象にしても) 広い範囲の学問を表すのに，林政学という言葉を用いるのに躊躇もないし，(反発を含めて) 過去の歴史につながる林政学という言葉を使いたいと思った次第です．

　林政学の講義は 2 単位科目として講じてきましたので，90 分の講義を 15 週にわたって行ってきました．実際には，准教授や講師に一部をお願いしているので，11 回分の講義が本書の素になっています．目次を記せば，以下のとおりです．

　　第 1 講　世界の森林の現状
　　第 2 講　熱帯林減少のメカニズム

第 3 講　日本の森林所有の形成
第 4 講　明治以降の経済と森林
第 5 講　日本の木材需要
第 6 講　日本の木材供給
第 7 講　市場経済システムと効率性
第 8 講　市場と社会厚生
第 9 講　森林の多面的機能と経済評価
第 10 講　公共財供給の最適条件
第 11 講　コースの定理と森林法制

　第 1 講と第 2 講は世界の森林の現状について述べたものです．林政学が森林と人との関係を論じるものなので，世界の森林の状況を初めに押さえることから講義が始まります．今日では国連の統計が一番充実しているので，これを用いています．第 2 講はとくに世界の森林の変化，熱帯を中心とする森林減少を，経済発展のなかでやがて森林増加に転じるとみる U 字型仮説という観点からとらえていきます．

　第 3 講と第 4 講は日本の林政の歴史を概観するもので，とくに第 3 講では世界の森林の変化をみるのに重要であると第 2 講で着目した林野所有制度が，日本の明治以降の歴史のなかでどのように定着していったのかを学びます．第 4 講では，明治以降の一般史のなかに林政史を位置づけます．

　第 5 講と第 6 講は，戦後の木材需給の動向を振り返るもので，第 5 講では戦後の所得の変化がどのように木材需要の変化に結びついたのかをみます．第 6 講では，第 5 講でみた需要の変化が，国産材供給と外材供給によってどのように賄われたか，需要曲線とそれぞれの供給曲線を描くことで明らかにしていきます．

　第 7 講と第 8 講は経済原論といってもよいのかもしれません．第 7 講は財の生産と消費を市場経済で行うとはどういうことであるのか，異なる経済体制であればどういうことが起きうるのかを考えながら，評価していきます．そのことは第 8 講で厚生経済学の基本定理，市場が神の見えざる手として働くとはどういうことかを述べることになります．また，このことは，なぜ森林や林業に関しては政府の関与が必要であるのか，つまりどのように市場が失敗するのか

を述べることにもなります．

　第9講と第10講では，市場の失敗に対してどう対処すべきかを講じます．第9講では森林が環境効果をもつことから，政策的関与が必要であることを論じつつ，環境効果の評価手法を学び，第10講では森林の生育が長期にわたることから，時間軸を中心においた資源配分を行う必要性を述べます．費用便益分析やプロジェクト評価といった手法を学ぶことになります．

　最後に第11講では，権利関係の明示と取引費用がある種の最適な資源配分に重要であることを学び，森林法制のあり様を学んでいきます．

　林政学とはなにか，その広い対象と広い分析手法をこの講義1つで網羅することは，もちろんできませんが，世界の森林まで視野に入れ，歴史を振り返り，経済学の基本的な手法を学びながら，経済学にとどまらない林政学の姿を本書で垣間見ていただければ，私としてはこのうえなくありがたいと思うところです．

目次

はじめに ………………………………………………………………………… i

第1講　世界の森林の現状 …………………………………………………… 1
 1-1　だれが森林資源を把握しているか ………………………………… 1
 1-2　なぜ近年になって森林の調査が行われたか ……………………… 2
 1-3　森林の定義 …………………………………………………………… 4
 1-4　気候帯と森林との関係はどうなっているか ……………………… 7
 1-5　更新の仕方からみた森林の種類 …………………………………… 10
 1-6　森林の多いところはどこか ………………………………………… 12

第2講　熱帯林減少のメカニズム …………………………………………… 15
 2-1　FRA 2010にみる世界の森林面積 …………………………………… 15
 2-2　世界の森林面積はどう変化しているか …………………………… 17
 2-3　1人あたりの森林面積の年平均変化はどのくらいか …………… 19
 2-4　U字型仮説と森林減少のメカニズム ……………………………… 20

第3講　日本の森林所有の形成 ……………………………………………… 26
 3-1　森林の所有 …………………………………………………………… 26
 3-2　地租改正 ……………………………………………………………… 29
 3-3　山林原野の官民有区分 ……………………………………………… 31
 3-4　台帳面積と実測面積の乖離 ………………………………………… 34
 3-5　国有林，民有林，公有林 …………………………………………… 36

第4講　明治以降の経済と森林 ……………………………………………… 39
 4-1　経済発展による時期区分——第二次世界大戦以前 ……………… 39
 4-2　経済発展による時期区分——第二次世界大戦以降 ……………… 40
 4-3　経済発展による時期区分——「失われた20年」 ………………… 42
 4-4　人口成長による時期区分 …………………………………………… 43
 4-5　時期区分からみる森林政策——第二次世界大戦以前 …………… 45

4-6　時期区分からみる森林政策——第二次世界大戦以降 …………… 48
第5講　日本の木材需要 ……………………………………………………… 54
　　5-1　2通りの木材需要——丸太換算，用途別需要 ………………… 54
　　5-2　戦後の推移 ………………………………………………………… 58
　　5-3　所得との関係——普通財，必需財，劣等財，奢侈財 ………… 62
　　5-4　パルプと薪炭材 …………………………………………………… 64
　　5-5　製材品と合板 ……………………………………………………… 68
　　5-6　低成長期における構造変化 ……………………………………… 71
第6講　日本の木材供給 ……………………………………………………… 72
　　6-1　戦後の推移——外材による需要吸収 …………………………… 72
　　6-2　国産材と外材の供給曲線 ………………………………………… 74
　　6-3　小国の仮定——ブランドン説 …………………………………… 76
　　6-4　国産材供給の非弾力性——行武説 ……………………………… 78
　　6-5　長期変化に対する理解 …………………………………………… 80
第7講　市場経済システムと効率性 ………………………………………… 82
　　7-1　生産者と消費者からなる経済システム ………………………… 82
　　7-2　封建的な経済システムにおける取引 …………………………… 84
　　7-3　良心的な独裁者が決めるシステムにおける取引 ……………… 85
　　7-4　市場経済メカニズム（完全競争市場）における取引 ………… 86
　　7-5　異なる経済システムで得られた結果をどう評価するか ……… 87
　　7-6　パレート改善・パレート効率性 ………………………………… 89
第8講　市場と社会厚生 ……………………………………………………… 92
　　8-1　パレート最適 ……………………………………………………… 92
　　8-2　生産，費用，供給 ………………………………………………… 94
　　8-3　消費，効用，需要 ………………………………………………… 97
　　8-4　生産者余剰と消費者余剰 ………………………………………… 100
第9講　森林の多面的機能と経済評価 ……………………………………… 103
　　9-1　森林の多面的な機能 ……………………………………………… 103
　　9-2　森林の機能を経済的に評価する——考え方の根幹 …………… 104
　　9-3　旅行費用法 ………………………………………………………… 104
　　9-4　ヘドニック価格法 ………………………………………………… 109
　　9-5　仮想評価法 ………………………………………………………… 110

9-6　代替法 ……………………………………………………………… 111
　　9-7　貨幣的に評価することの意味 ……………………………………… 112
第 10 講　公共財供給の最適条件 ……………………………………………… 114
　　10-1　市場の失敗と公共財 ……………………………………………… 114
　　10-2　公共財以外の市場の失敗 ………………………………………… 117
　　10-3　異時点における評価 ……………………………………………… 119
　　10-4　費用・便益分析 …………………………………………………… 121
　　10-5　公共財の社会的最適供給量 ……………………………………… 123
第 11 講　コースの定理と森林法制 …………………………………………… 125
　　11-1　コースの定理——煙害をめぐる工場と住民の例 …………………… 125
　　11-2　市場の失敗，コースの定理，法の役割 ………………………… 129
　　11-3　林政にかかわる近代法制度の変遷 ……………………………… 130
　　11-4　法律の段階構造と保安林制度 …………………………………… 133

おわりに ………………………………………………………………………… 137
主要参考文献 (参考書) ………………………………………………………… 141
引用文献 ………………………………………………………………………… 147
付録 1　森林・林業にかかわるアクター ……………………………………… 149
付録 2　林政学のための情報活用法 …………………………………………… 151
付録 3　主要事項年表 …………………………………………………………… 157
索引 ……………………………………………………………………………… 163

第1講　世界の森林の現状

1–1　だれが森林資源を把握しているか

　今回は世界の森林がどういう状況になっているのかをお話ししようと思います．世界の森林がどういう状況になっているかは，FAO（正式名称はFood and Agriculture Organization of the United Nations）が，最近では5年おきに調べて，その結果を公表しています．

　「United Nations」は，国際連合（国連）と通常日本では訳されます．ところが「United Nations」という言葉には，国際連合という訳し方だけでなく，もう1つ訳があります．「連合国」です．連合国という言い方をするのは，第二次世界大戦中，枢軸国，日本・ドイツ・イタリアに対して戦っていた国々を，F. ルーズベルトが「United Nations」という言葉をつくったことに由来します．その「United Nations」連合国という名前を引き継いで，国際連合「United Nations」が今日あるのです．

　どういうことなのかというと，第二次世界大戦中に，戦争が終わったあとに，どのようなかたちで国際的な秩序をつくっていったらいいのかを構想してつくられていったのが，国際連合，今日の「United Nations」なのです．たぶん日本の外務省は，連合国という言葉をそれまで使っていたわけですが，連合国ではうまく国連全体を表すことができないということで，「United Nations」を国際連合，国連と訳すようになったのでしょう．

　「Food and Agriculture Organization」，日本語では「食糧農業機関」と訳される組織は，1945年11月に設立されました．国連憲章自体の批准も同じ11月で，国際連合の憲章が批准されるよりも，FAOが設立されたのが1週間ほど早くなっています．批准ですから，それぞれの加盟国が批准をする，それを認めるという手続きをやっているあいだにFAOができたのです．要するに，国連とFAOはできたのがほぼ同時だということです．第二次世界大戦後の世界的

な秩序を考えるうえで，食糧，農業といったものが重要との認識があって，こういうことが起きたということができます．

このFAOは森林資源に関する調査を初期からやっています．なぜFAOが森林資源について調査を行うのかですが，これは2つの面から考えられます．1つはそこに森林が存在しているということは，植物が生育しているわけですから，農地として開発することができる適地と考えられます．もう1つは，森林資源があるところでは，もちろん木材の生産が通例できるわけです．木材が供給できることが，どうしてFAOの関連することなのかというと，木材といっても，薪が重要なのです．日本で暮らしていると，なかなか感覚がつかめないと思いますが，薪がなぜ重要なのかというと，調理に必要だからです．

食べ物は，とくに穀物，肉がそうですが，食べるためには加熱調理が必要なのですね．加熱することによって消化効率があがります．薪は，食べるために非常に重要なのです．発展途上国，とくに熱帯において，薪が重要だとはなかなか気づかないかもしれませんが，食糧を得るために非常に重要なのです．薪が近くにないとなると，何時間もかけて薪を集めなければならず，そのために人々は多くの時間を費やすことになるのです．

1-2　なぜ近年になって森林の調査が行われたか

FAOは1946年，1953年，1958年に，森林資源について調査を行っています．FAOは国際機関ですから，各国に対して報告を求めるというかたちで情報を集めます．基本的に必要なものとして，まず森林面積の報告を求めたのです．

ところが，森林面積の報告を求めても，毎回同じ数字があがってくるという国が続出しました．なぜそういうことが起きるかというと，もちろん「そこの森林面積が変わらなかったから」ということは可能性としてありますが，それは可能性であって，実際には毎回同じ数値を返してきたのは国によっては5年おきに数値を求められても，新しい調査をすることができないという事情があったからです．

もう1つの理由として，森林とはなにかに起因します．森林の定義を辞書などで調べると，「樹木の密生しているところ」「木がまとまって生えているところ」というようなことが書いてあります．「まとまって生えている」とは，いっ

たいどれくらいまとまっていたら，まとまっていることになるのだろうか，なかなかむずかしい問題です．

　森林の定義として，通例としては 2 つあります．

　1 つは地目(不動産登記法上の土地の用途分類)上の森林(正確には「山林」ですが)です．これは，その土地を森林として管理・運用することが適当だと考えられていることを地目上，森林とするわけです．「ここの土地は農地として使うべきである」ところは「農地」とされ，「ここは森林であるべき」ところは「森林」とされるように，土地利用のうえでどういうふうにしていったらいいのかということで，森林を定義することもあります．FAO から，各国が森林面積について教えてくれといわれると，こちらの地目上の森林を教えている可能性もあるわけです．ちなみに，日本の地目上では「森林」という表記はなく，「山林」や「保安林」とされています．

　このような状況で，「毎回同じ数値が出るような森林資源調査はやっても仕方がない」という判断があったと思います．1963 年に行われて以降，FAO による世界規模での森林資源の調査は行われませんでした．それに代わり，1970 年代には先進国とラテンアメリカとアジアを対象に，地域ごとの森林資源調査が行われました．1970 年代から「Assessment」として行われています．アフリカについては，スウェーデン王立林業大学が同様の調査を行って報告しています．FAO の統計には，耕地面積と森林面積を各国に報告させる毎年の FAO 生産年鑑というものがあるのですが，そのなかで森林面積は毎年報告されていました．

　FAO が再び世界規模での森林資源調査を行うようになるのは 1980 年で，「Forest Resources Assessment 1980」，FRA 1980 という略称でよぶことが多いです．森林資源調査というべきか，評価というべきか，訳し方を考えてしまいますが，「Assessment」なので「評価する」ということですから，「世界森林資源評価」というのが妥当だろうと思います．

　これにはどういうことがあったかというと，1972 年にローマクラブから『成長の限界』という本が出されています．1970 年代というのは地球環境の問題が非常に大きく取り上げられた時代で，このころの世界の地球環境問題に警鐘を鳴らすものでした．日本においても，「オイルショック」という言い方をしますが，1973 年に OPEC (Organization of the Petroleum Exporting Countries)，石

油輸出国機構による原油のカルテルがなされて石油価格が高騰するということが起きています．そのほかに「西暦 2000 年の地球」というアメリカ合州国環境問題諮問委員会が出した報告書が 1980 年に公表されています．このなかで，熱帯林の減少が地球環境問題のなかで一番大きな問題であるというとらえ方がされています．

1970 年代になって地球環境問題が大きく取り上げられ，なかでも熱帯林の減少が大きな問題であるというかたちでとらえられる流れのなかで，FAO としてもどうにかきちんとしたかたちで森林資源についての調査をやろうということになったわけです．それが現在まで定期的に行われています．

1-3　森林の定義

地目上の森林であったり，木がまとまって生えていたりというだけでは世界で共通したかたちでの森林の定義にはならないので，森林の定義というものをきちんと決めようということで，1980 年の森林資源評価のときに「まとまって木が生えているのはどういうことか」についての定義がなされました．

どうやったのかというと，木というものには幹があり，枝があり，葉っぱがついています．それが空間的にどれだけの割合を占めるのかを考えたのです．英語では crown（樹冠）という言い方をしますが，木の枝葉のかたまりがどれくらいの空間的割合を占めているのかを考えていきます．これを上からみると，全体の土地面積のなかにこの樹冠投影面積がある，こういう状況になるのです（図 1.1）．

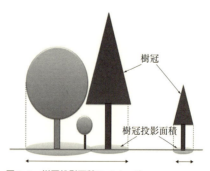

図 1.1　樹冠投影面積のイメージ．

日本のような湿潤な気候で，ある程度暖かいところだと，隣の木同士の樹冠が接して閉じたかたちになります．樹冠と樹冠がお互いに接しあって閉じたかたちになっているので閉鎖林（closed forest）とよぶわけです．これに対して，樹冠と樹冠のあいだが接するところまでいっていないものは，open forest といいます．これを日本語で開放林といってもなんのことかわからないので，通例疎林というよび方をします．これは樹冠が閉じていない森林です．ある程度まとまっている状態であれば，森林と考えることになります．ちなみに，FAO の定義では，樹冠被覆率 40% 以上を閉鎖林，10〜40% を疎林としています．

　どれくらいで森林というのかを考えるにあたって，樹冠投影面積率が何 % 以上かを基準とすることになりました．最終的に決められた閾値は 10% 以上です．10% 以上とはどれくらいになるのかは，正方形を想定して縦に 3 等分，横に 3 等分すると 9 等分でき，その 1 つが 9 分の 1，11.11% ということですから，だいたい 10% にあたるわけです．ずいぶんまばらでしょう．これくらいまばらであっても，森林とみなしましょうというのが，FAO で決めた定義です．

　一番肝要なところは，樹冠投影面積率が 10% 以上であるということです．もう少し付け加えると，0.5 ha 以上の土地であって，成木になると 5 m を超すような樹木の種類であることです．低い木，灌木は森林とはみなされず，高くなる木を考えて，それが 0.5 ha 以上の土地にまとまって生え，かつ樹冠投影面積率が 10% 以上あるところを森林とすると決めたのです．この基準に沿って，それぞれの国で森林面積というものを報告してくれとしたのが，1980 年に初めて行われたことです．

　この 10% という基準は，伝統的に使われていたわけではなく，20% 以上がそれまで使われてきた森林の定義でした．日本の森林の統計をみても，森林面積のなかにも無立木地というものが入っています．これは 20% に満たない樹冠をもつ立木地のことで，割合としては森林面積の 5% くらいあります．なぜそういうことになったかというと，日本においてはまず地目上の森林をとらえます．そのなかで十分に木が生えそろっていないところ，20% に満たない樹冠投影面積率になっているところを無立木地として扱うのです．

　温帯・亜寒帯のすでに発展した工業国では，樹冠投影面積率 20% 以上として調査がされている状況だったので，FRA 1980 で樹冠投影面積率 10% 以上が

適用され調査されたのは熱帯についてだけだったのです．温帯・亜寒帯地域に関してはそれまでの樹冠投影面積率20%以上として調査が行われました．

FAOは，1980年に久しぶりに評価してから10年後の1990年，そして2000年（温帯・亜寒帯の森林についても樹冠投影面積率10%以上を用いるようになりました）と続きました．2000年でだいぶこの調査が標準化されたこともあって，それから5年おきにとられるようになり，2005年，2010年の結果が公表されています．

20%のほうが厳しい定義なので，これを10%にしてしまうのは，それまで森林として数えられず無立木地としての扱いだったような土地も森林として数えることになります．2000年の森林資源評価については，このことを念頭に読む必要があります．世界で同じ基準で評価することは必要なことですから，そういうかたちになったのを好ましいと考えることもできます．

2000年から，温帯・亜寒帯でもそれまで疎林すぎて，まばらすぎて森林として扱っていなかったところを，森林として扱うようになったのです．「まばらな森林」は，実際にどこにあるかというと，寒いところ，乾燥が激しいところで疎林になることが多いのです．ロシア，シベリアでは，寒いので疎林になっているところが多かったのですが，そこが2000年から森林として評価されるようになりました．それから，温帯・亜寒帯で乾燥しているところはどこにあるのかというと，オーストラリアです．オーストラリアも定義の変更で森林面積がみかけ上増えました．2000年の数値をみるときには，それまでと森林の定義が変わったことを意識する必要があります．

ところで，東大の農学部構内，この構内が森林であるかどうかですが，今までの議論だと森林になってしまいそうですね．樹冠の投影面積率10%は超えていそうです．

FAOの定義に，まだもう1ついっていないことがありました．森林以外の目的に供されている，使われている土地は森林とみなさないことです．たとえば，「農地として使われているところがあれば，そこに木が十分にあったとしても，森林とはみなさない」ということです．農学部の構内が森林であるかどうかについては，ここまでのところでは森林といえるかもしれないけれども，教育研究目的に供されている土地なので，ここは森林には含めないということになります．

1-4 気候帯と森林との関係はどうなっているか

　世界の森林は今日どういうかたちになっているのでしょう．まず代表的な森林として熱帯林があります．熱帯林はどういうものであるのかというと，北回帰線と南回帰線のあいだ，赤道を中心とする熱帯で，そこに成立するのが熱帯林です．熱帯は雨が多くて気温が高いのが典型的な気候ということができます．それをうまく表すものでは，ウォルターの気候図が知られています．ここでは，各月の平均気温と降水量を縦軸にとって，気温は 0℃ から 10℃，20℃，30℃ と刻み，かつ各月の降水量 0 mm，20 mm，40 mm，60 mm を対応させて，1月から順に 12 月まで，そして一巡して 1 月というように横軸にとって気候図を描きます．降水量は 80 mm，100 mm までは同じ間隔で描きますが，100 mm を超える降水量は十分多いので，その先は縮尺して描かれています．

　一番典型的なかたちになっているものが多雨林地帯の気候図形（図 1.2）です．気温はほぼ 30℃ に近いところで，毎月同じくらいの気温です．それから，降水量もほとんどの月で 100 mm を超え，十分に降雨があり，典型的な高温多雨という状況を表しています．

　図 1.3 は季節林地帯の気候図です．気温にも多少変動がありますが，100 mm を超えるような，十分な湿潤さをもっている時期もあれば，気温の線よりも下に降水量の折れ線がきているところは，乾燥しているとみなすことができ，数カ月の乾燥した状態が生じているというのが，季節林地帯の気候図となります．

　それから，サバンナ林の気候図形は，図 1.4 に描いてありますが，乾燥している期間が数カ月続くということで，かなり乾燥している時期があります．どのように森林が成り立っているかというと，図 1.5 のように，赤道多雨気候から乾燥気候に向かっての森林型の変化が描いてあります．典型的な多雨林ということだと，巨大高木といわれる樹高 50 m を超えるような木があって，それから樹高 30 m とか，それくらいの高さになっているのですが，高木層があって，高木層で樹冠が閉じるというかたちになるのです．

　常緑季節林になると，季節によっては落葉するようなものも現れてきます．半落葉季節林であれば，半分くらいの高木が落葉します．それから，落葉季節林になると，季節によっては高木層も落葉するというかたちになります．それから，さらにサバンナ林になると乾燥が激しく疎林状態になってくるのです．

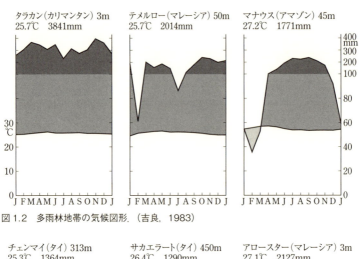

図1.2 多雨林地帯の気候図形.(吉良, 1983)

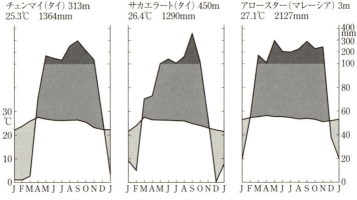

図1.3 季節林地帯の気候図形.(吉良, 1983)

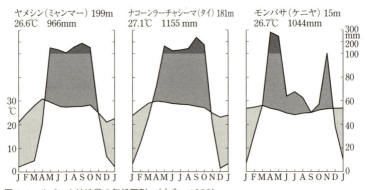

図1.4 サバンナ林地帯の気候図形.(吉良, 1983)

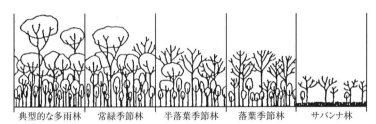

図1.5　赤道多雨気候（左）から乾燥気候（右）に向かっての森林型の変化．（吉良，1983）

　熱帯林の典型である熱帯多雨林は，巨大高木層があり，高木層があり，中木層があり，低木層があり，というように，多層になっていることが1つの特徴です．それから，高温で多湿であるということから，いろいろな種類の木が生育でき，多種になっていることも特徴としてあげられます．さらに，更新のパターンからいっても特徴があります．木が突然倒れて，その次の世代に代わるというギャップ更新というかたちがあります．次の世代になることを「更新」という言い方をします．英語では regeneration ですが，gap regeneration というかたちで更新をするので，そこのギャップのところだけ次の世代が入ってくることになり，まわりとは年齢も異なります．つまり，多齢・多種・多層という性質をもつことが熱帯林の特徴となります．

　これは，森林を利用する人間の側からいうと，あまり好ましくないわけです．いろいろな種類のものがあって，多様な使い道があるという言い方もできますが，必要な木を探しにいっても，なかなかちょうどいい木がないという状況でもあるのです．熱帯林とは，どのように使われているのか．熱帯林材は，ベニア板という言い方を昔はしていましたが，これまで合板に一番よく使われてきました．

　合板は単板を張り合わせたものです．木を伐り倒して丸太にします．丸太は円筒形をしていますが，この丸太を薄く剝いて単板をとり，繊維方向が直角になるように張り合わせて合板をつくります．どのように薄い単板をつくるかというと，大根のかつら剝きを想像してください．大根を手にもって，包丁をあてて，大根をまわしながら切って薄く剝くわけです．大根のかつら剝きをしたことがある人はわかると思うのですが，だんだん大根が芯のほうになって細くなっていくと切りにくくなっていきます．まったく同じことで，単板を剝いていって最後の芯のほうになると，なかなか切れなくなっていくわけです．最近

は技術が進んで丸太の直径が 3 cm とか，それくらいの細さまで剝けるようになりましたが，昔はそんなことはなかなかできませんでした．熱帯の木はふかふかの軟らかい木もあれば，鉄木といわれるような堅く重い木もあり，そういう多種である木のなかで適当な木はそれほどありません．

　熱帯林で合板に使えるような木は，適当な太さであって，適当な樹種であることが必要なので，1 ha あたり 5 本程度しかないといわれています．これはもちろん場所によって違いはあります．1 ha あたり 5 本程度というのはどれくらいかということを考えると，マレーシア・パソーの熱帯多雨林と，奈良春日山の照葉樹林との種多様度の比較がありますので表 1.1 をみてください．パソーでの調査面積は，一番下に 2.0 ha とあります．春日山のほうは 2.2 ha ですから，面積は 1 割多いことになります．個体総数をみると，400 本に対して春日山は 455 本ですから，1 割程度多いということです．だいたい照葉樹林であっても熱帯多雨林であっても，1 ha あたり 200 本くらいということになります．200 本あるうちの 5 本程度，数 % しか使えないのです．国内では照葉樹林は種の多様性の豊かな森ですが，熱帯多雨林の種の多様性には驚かされます．

　どういう伐り方をするかというと，もちろん目的の木は伐りますが，それだけ伐っても取り出すことはできませんので，道をつくるためにまわりの木も伐り倒すということをやります．しかし，全部伐ったりはしません．この木を除くのに必要な分だけ，これと道をつけるのに必要な分だけを伐ります．熱帯林の伐り方は，こんなかたちでするわけです．

　森林の定義は，樹冠の投影面積率が 10% を超えるかどうかですので，FAO の統計上ではこうやって伐ったあとであっても森林であり，森林面積の減少とはならないのです．もちろん，森林はそれ以前とはずいぶん違う状態になっています．これは，質が低下しているということになりますので，劣化 (degradation) という言い方をします．合板用に必要な丸太を生産するために，森林に伐採が入ったことによってなにが起きるかというと，森林の減少ではなく森林の劣化が起きるというのが FAO の扱いとなります．

1–5　更新の仕方からみた森林の種類

　人工林をしばしば，artificial forest と訳します．通じないことはないのです

表 1.1 マレーシア・パソーの熱帯多雨林と奈良春日山の照葉樹林との種多様度の比較．(吉良，1983)

種あたり個体数	それだけの個体数をもつ種の数	
	パソー	春日山
1	72	9
2	21	1
3	10	1
4	9	1
5	10	3
6	5	1
7	4	1
8	1	1
9	3	—
10	—	1
11	—	1
12	1	1
13	—	—
14	—	1
17	1	—
20	1	—
23	—	1
24	—	1
28	1	—
30	—	1
38	—	1
90	—	1
149	—	1
個体数総計	400	455
積数総計	139	28
調査面積 (ha)	2.0	2.2

胸高直径 20 cm 以上の樹木のみを扱う．春日山のデータは，仲和夫（未発表）による．

が，たとえば，artificial flowers というと造花のことです．artificial forest というと，つくりものの森林のような感じがしてしまうので，plantation forest といいます．「plantation」というのは「植えた」ということなので，種や苗を植えた森林ということです．FAO の定義でもこれは同じです．それ以外のものは，天然林という言い方をします．たとえば，日本では 4 割の森林が人工林です．

人間が植えたのではない森林，すなわち天然林のなかには原生林と二次林の 2 種があります．原生林は，字のとおりで，人間の手が入っていないところです．実際上は人間が手を入れたという記録が残っていない森林ということにな

りますので，100年くらいの期間にわたり記録がなかった森林が，原生林です．

ところで，薪のようなものはどうやってとるかというと，拾い集めて十分ならそれでいいでしょうが，木を伐ることになります．木を輪切りにすると，生きているのは形成層のところだけです．生物的に生きているのは，ここの部分だけです．樹木の真ん中のところは，「木化している」という言い方をしますが，細胞としては死んでいるのです．この生きているところから芽が出てくることを萌芽，普通は「ほうが」と読みますが，林学や林業の世界では「ぼうが」という読み方をします．この形成層の生きているところから芽が出てくるというようなかたちになることが多いのです．薪を伐ったあとに，こういうかたちで芽が出てくるものを生かして次の世代を育てることを萌芽更新といいます．

このように木を伐って薪や炭をとって森林を利用していても，次の世代として出てくるものをそのまま育てるというやり方をして植えていない（二次林として再生するといいます）ので，天然林のなかに入るのです．それから，田畑などとして使っていたところを放棄してしまうと，そこに種が飛んできて勝手に森林が再生することもありうるわけです．そういったところは人間が植えていないため，これも二次林として再生してきたということなので，分類としては天然林のなかに入ります．

1-6 森林の多いところはどこか

世界の森林がどういう状況になっているかを最後にお話ししましょう．その前に「トウモロコシの幼植物の成長と温度との関係」を図1.6でみていきましょう．温度が10〜30℃くらいのところまでは，ほぼ直線的な，気温が上がるとそれにともなって成長も旺盛になるというかたちになっています．この図ではx軸の切片aが10℃ですから，たとえば15℃で2カ月間成長させた場合と，20℃で1カ月間成長させた場合と，成長量は同じということになります．

その図からいうと，10℃をどれだけ超えたのか，その温度差と期間を数え上げればいいということになるのですが，暖かさの指数として通常使われるのは，5℃が成長の分岐点です．具体的には各月の平均気温が5℃を超える月だけ取り出して，5℃をどれだけ超えているかをずっと足していきます．これを暖かさの指数といいます．これによって植物の成長量がだいたいどれくらいである

のかがわかることになります．

　図1.7の左下の枠をみてください．まず暖かさの指数が15に満たないようなところは，ツンドラ（凍土）と書かれています．この場合，かなりの月が5℃以下になっています．熱帯であると，気温は先ほどの典型的なところでみたように30℃くらいでほとんど変わらないのですが，亜寒帯，さらに寒帯になる

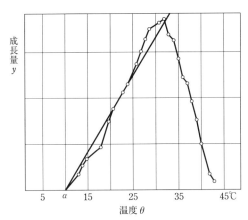

図1.6　トウモロコシの幼植物の成長と温度との関係．（吉良，1971）

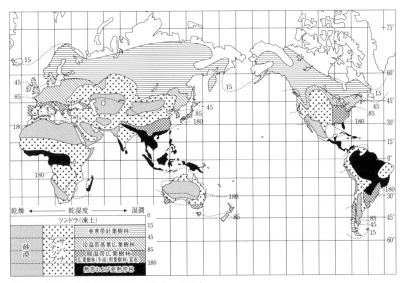

図1.7　世界の生態気候区分図．（吉良，1971）

とどういうことになるかというと，温度の差が非常に大きくなります．そうすると，5℃にいかないような月があるということは，ほとんどの月が0℃以下になっているということになります．暖かさの指数が15に満たないようなところは，ツンドラ（凍土），寒帯ということです．寒帯では，土も凍ってしまい，植物の生育がほとんどみられないところとなります．

また，乾燥が非常に厳しいところは砂漠で，植物の生育には適しません．ステップ，サバンナというところを経て，十分に湿度があるところは，暖かさの指数で植物帯を分けることができることになります．180を超えるようなところは，熱帯および亜熱帯林になる．それから85～180のところが暖温帯，45～85のところが冷温帯ということになります．

日本をみると，180という線が屋久島・種子島あたりを通っています．それから，45で亜寒帯針葉樹林になるところは，北海道がぎりぎり入っているので，45～180というさまざまな植物帯が現れるところにちょうど日本がうまく入っています．そういう次第で，日本の森林は，亜寒帯から亜熱帯までかなり多様な森林がみられることになります．

世界の森林は，どこに豊かにあるのかというと，まず図上に黒く示されている熱帯および亜熱帯はブラジル，熱帯アマゾンのところです．それから，インドネシアを中心とする東南アジア，アフリカに熱帯林があることがわかります．もう1つ豊かにある森林としては，亜寒帯針葉樹林帯が，シベリアからスカンディナビア半島へ，それから北アメリカ，カナダあたりにあります．

第1講では，森林の定義，森林帯などを解説してきましたが，基本的にモンスーンの影響を大きく受ける日本は，森林の生育に適した環境といえます．しかも，暖かさの指数をみればわかるように，亜寒帯から亜熱帯までの広がりがあり，多様な森林が存在しています．また，人口が稠密であるため，多種多様な森林が多岐にわたって利用されてきました．日本に主眼をおきながら，また世界のなかにおける日本を意識しながら，森林利用をめぐる社会や経済の動向，政策の展開などを第2講からみていくことにします．

第2講　熱帯林減少のメカニズム

2-1　FRA 2010 にみる世界の森林面積

　第2講では，まず「具体的に森林はどのようになっているのか」を考えます．表2.1をみてください．一番下にある「世界計」では，国数として233とありますが，正確には国ではなく地域というべきです．233の地域から報告を受け，まとめているので，ほとんど世界全体を網羅しているといえます．

　130億haが世界の土地面積となります．人口は2008年の値で67億人となっ

表2.1　世界の森林面積 (2010年).

	国数	土地面積 (100万ha)	人口 (100万人)	森林面積 (100万ha)	森林 シェア	森林率	1人あたり森 林面積 (ha/人)
東・南アフリカ	23	1000	368	268	6.6%	26.8%	0.73
北アフリカ	8	941	209	79	2.0%	8.4%	0.38
西・中央アフリカ	26	1033	410	328	8.1%	31.8%	0.80
アフリカ合計	57	2974	987	674	16.7%	22.7%	0.68
東アジア	5	1158	1547	255	6.3%	22.0%	0.16
南・東南アジア	18	847	2144	294	7.3%	34.7%	0.14
西・中央アジア	25	1086	385	44	1.1%	4.0%	0.11
アジア合計	48	3091	4075	593	14.7%	19.2%	0.15
ロシア連邦	1	1638	141	809	20.1%	49.4%	5.72
ヨーロッパ*	49	577	590	196	4.9%	34.0%	0.33
北アメリカ*	4	1867	345	614	15.2%	32.9%	1.78
カリブ	27	23	42	7	0.2%	30.3%	0.17
中央アメリカ*	8	245	150	84	2.1%	34.3%	0.56
南アメリカ	14	1746	385	864	21.4%	49.5%	2.25
ラテンアメリカ計	49	2015	576	956	23.7%	47.4%	1.66
オセアニア	25	849	35	191	4.7%	22.5%	5.48
世界計	233	13011	6751	4033	100.0%	31.0%	0.60

資料：FAO "Global Forest Resources Assessment 2010"
注：＊印をつけた地域はFAOの通例とは異なる扱いがされている．本文参照のこと．

ていますが，もう70億人とみてかまわないと思います．森林面積は40億ha
です．森林率としては31%で，世界の土地の3分の1が森林，3分の1が農
地，残りの3分の1がその他です．「その他」は砂漠であったり都市であった
りするところです．だいたい3等分とみておけばいいわけです．ちょうど単位
的に人口も70億人，森林面積が40億haとそろっていますから，1人あたりの
森林面積は0.6 haとなります．

　世界のどこに森林があるかについて，FAOの分け方と少し違うかたちで作表
しました．どう変えているかというと，主に2つの国の扱いを変えています．
1つはロシアです．ロシア連邦は，アフリカとかアジア，ヨーロッパ，アメリ
カ等という分け方をすると，首都がどこにあるかで決まるのでヨーロッパです．
国の扱いとしてはヨーロッパの国の1つといえるのですが，ロシアの森林はシ
ベリアに多いです．シベリアはどこにあるかというとアジアです．ロシアはヨー
ロッパの国だからヨーロッパにまとめてしまうことは世界の森林の状態をみる
のに不都合ですが，それならばロシアをアジアに入れてしまうのもおかしな話
です．ロシアは十分に大きいので，これは1国だけヨーロッパから外して取り
出してしまおうというのがロシアの扱いです．表中の「ヨーロッパ*」とある
のは「ヨーロッパ，ただしロシアを除く」という意味です．

　それから，もう1つ北アメリカのところにも表では星印がついています．北
アメリカは主な国をあげれば，アメリカ合州国とカナダとメキシコです．たし
かにメキシコは，大陸としては北アメリカにあるのは間違いないのですが，メ
キシコは熱帯がほとんどで，歴史的にいってもスペインの影響をずっと受けて
きているので，メキシコは北アメリカだからといって一緒に入れておくのは，
世界の森林の状況を考えるのには不都合だと考えられます．そこで，メキシコ
は北アメリカから外しています（それで北アメリカに星印)．その下の中央ア
メリカにも星印をつけておきましたが，メキシコをここに入れています．南ア
メリカまで入れてカリブの国々を合わせて，ラテンアメリカ計というかたちにま
とめているのが，通常のFAOの統計と違う扱いということになります．

　このようにして森林シェアをみると，まずラテンアメリカが23.7%と高い．
これは，もちろん主要にはアマゾンを中心とする南アメリカが，世界の森林の
大きい部分を占めていることを表しています．それから，20%を超えるところ
にはロシア連邦があります．シベリアの森林も十分に大きいということです．

その次のレベルはアフリカの合計が 16.7%，それからアジアの合計が 14.7%，北アメリカの合計が 15.2% です．北アメリカとロシア連邦の亜寒帯林が大きい森林面積を構成し，ラテンアメリカ，アジア，アフリカの熱帯林も世界の森林において大きい部分を占めています．

1 人あたりの森林面積は平均 0.60 ha ですが，1 人あたり 1ha を超えると豊かな森林があり，輸出余力があるといえます．ロシア連邦が 5.72 ha，オセアニアが 5.48 ha で非常に大きい．南アメリカも 2.25 ha ですので輸出余力があります．北アメリカも 1.78 ha で世界平均の倍もあるので，こういったところが輸出余力のあるところといえます．これに対してアフリカやアジアの熱帯林は人口も多いので，それほど輸出余力があると考えることはできません．

2-2　世界の森林面積はどう変化しているか

世界の森林面積がどのように変化しているのかは表 2.2 にあります．1990〜2000 年の変化としては 1 年あたり 832 万 ha が森林減少のスピードです．率としては 1 年あたり 0.2% です．森林減少率は 1 年あたりの森林面積の変化を森林面積で割ったものです．私はむしろこれよりもこの逆数を考えるほうがいいと思っています．森林面積を毎年どれくらい減っているのかで割ると，あと何年たつと森林がなくなってしまうかを知ることができるからです．プラスならあまり意味をもちませんが，減少していく局面についてはそのような意味をもちます．

世界全体でいうと 0.2% ですから，500 年たつと森林がなくなってしまうスピードだということです．あまり大したことはないと思われるかもしれませんが，さらに地域によってはずいぶん速いスピードで減少しているところもあります．たとえば，減少率で表すと，北アフリカでは 0.72%，南・東南アジアで 0.77%，中央アメリカで 0.76% です．あと何年で森林がなくなるかと考えると 150 年です．北アフリカ，南・東南アジア，中央アメリカは 150 年たたずになくなってしまうスピードで森林が減少しているのです．森林の計は 100 年単位ですから，かなり速いと考えられます．

もちろん国別には 1% を超えるようなスピード，つまり 100 年たたずに森林がなくなってしまうところもあります．森林の長期性を考えるとしたら，100

表2.2 世界の森林面積変化.

	年間変化					
	1990～2000年		2000～2005年		2005～2010年	
	1,000 ha/年	%	1,000 ha/年	%	1,000 ha/年	%
東・南アフリカ	−1841	−0.62	−1845	−0.65	−1832	−0.67
北アフリカ	−590	−0.72	−41	−0.05	−41	−0.05
西・中央アフリカ	−1637	−0.46	−1533	−0.45	−1536	−0.46
アフリカ合計	−4067	−0.56	−3419	−0.49	−3410	−0.50
東アジア	1762	0.81	3005	1.29	2557	1.04
南・東南アジア	−2428	−0.77	−363	−0.12	−991	−0.33
西・中央アジア	72	0.17	135	0.32	127	0.29
アジア合計	−595	−0.10	2777	0.48	1693	0.29
ロシア連邦	32	n.s.	−96	−0.01	60	0.01
ヨーロッパ*	845	0.47	678	0.36	710	0.37
北アメリカ*	386	0.06	383	0.06	383	0.06
カリブ	53	0.87	59	0.90	41	0.60
中央アメリカ*	−728	−0.76	−482	−0.54	−404	−0.47
南アメリカ	−4213	−0.45	−4413	−0.49	−3581	−0.41
ラテンアメリカ計	−4888	−0.47	−4836	−0.48	−3944	−0.40
オセアニア	−36	−0.02	−327	−0.17	−1072	−0.55
世界計	−8323	−0.20	−4841	−0.12	−5581	−0.14

資料：FAO "Global Forest Resources Assessment 2010"
注：表2.1の注を参照のこと．

年は十分に短い時間といえます．そういう意味で，1%を超えるような地域があることを考えなければなりません．

世界の森林面積変化をみると，減少しているところばかりではなく，増えているところもそれなりに出てきています．1990年代において森林面積変化のプラスの大きいところは東アジアで，1年あたり176万haという速さで森林が増大しています．これを除いて考えると，10年間に1億ha以上の森林が減少したことになります．

森林面積の変化として，実は森林減少と森林増加の2つが世界で起きているのです．森林増加には2つあって，とくに大きいのは植林です．人工造林という言い方をしますが，木を植える，あるいは樹木の種をまくことによって森林増加が起きています．東アジアにおける人工造林がどこで起きているかというと，一番大きいところは中国です．中国では森林があまりに減りすぎたために，

現在，国策として人工造林を進めているのです．もう1つの森林増加は耕作放棄地などに天然林が増加していくことです．

　世界計をみると，森林の年平均減少面積は832万haだったのが，2000年代の前半では，484万haになり，2005年以降にまた少し増えて558万haになっています．これはプラスマイナス両方合わせてこのようになっているので，とくに熱帯林での森林減少のところをみるようにしないと，世界の森林，とくに熱帯林の減少の問題を過小評価してしまう恐れがあるのです．そのあたりを注意してこの表をみるべきだと思います．

2-3　1人あたりの森林面積の年平均変化はどのくらいか

　こうして世界の森林面積の変化を眺めてみると，どうも既発展国では森林は増大し，発展途上国では森林は減少するというパターンがありそうだと思えてきます．もちろん中国の人工造林の動きのようなこともあります．

　歴史的にみてもおそらく森林面積というのは，初めは，たとえば日本の縄文の昔を考えれば，森林は豊かにあったと考えられます．それが明治のころには森林がずいぶんなくなっていて，それで再び森林を増大させるようにいろいろな方策をとってきて，現在のように国の3分の2が森林になるというかたちになっています．歴史的にみると昔は森林が豊かにあったけれども，それが減少し，また増大していくということがあったのではないかということです．

　発展途上地域と既発展地域をどのように分けるかはなかなかむずかしいのですが，今回やったのは，ちょうどFRA 2010のところに，国内総生産（Gross Domestic Product：GDP）が購買力平価で換算して計上されていたので，それを用いて1人あたりGDPを出しました．為替だと投機的な要素が入ってくるので，実際にどれだけものを買うことができるかという購買力平価（Purchasing Power Parity：PPP）で表したのです．

　2万ドル以上を既発展国，2万ドル未満を発展途上国と評価して分類しました．それが表2.3ですが，発展途上地域数が163で，既発展地域が59ということで，世界の合計233に11足りません．1人あたりGDPの統計がない地域があったので11少ないわけです．それ以外をすべて足して計算しています．

　既発展地域と発展途上地域について2010年の森林面積をみると，発展途上

表 2.3 発展途上国と既発展国の違い.

	地域数	森林面積				土地面積 (1,000 ha)	人口 (1,000)	人口密度 人/km²	森林率	1人あたり 森林面積	森林面積変化	
		1990年	2000年	2005年	2010年						1,000 ha/年	
発展途上地域	163	3,226,262	3,131,468	3,103,981	3,076,701	9,659,579	5,724,939	5.93	31.9%	0.537	−5476.7	−0.17%
既発展地域	59	933,662	945,353	948,656	948,048	3,336,024	1,023,464	3.07	28.4%	0.926	269.5	0.03%

資料: FAO "Global Forest Resources Assessment 2010"

地域に 31 億 ha, 既発展地域に 9 億 ha あるので, だいたい 3 対 1 くらいです. 土地面積でも発展途上地域が 97 億 ha で, 既発展地域が 33 億 ha ですので, だいたい 3 対 1 となっています.

人口については, 発展途上地域の 57 億人に対して既発展地域は 10 億人ですから, だいたい 6 対 1 です. 面積比の 3 対 1 に対して 6 対 1 です. 人口密度についていうと, 土地面積あたりが 3 対 1 に対して人口は 6 対 1 ですから, 発展途上地域が倍くらいで, 数値でいえば 1 km² あたり発展途上地域ではおよそ 6 人に対して既発展地域では 3 人で, だいたい 2 対 1 になります.

1 人あたり森林面積は, 発展途上地域が 0.5 ha に対して既発展地域は 0.9 ha です. ロシアの 1 人あたり GDP は 1 万 5000 ドルくらいですから, 発展途上地域に入ります. 1 人あたり森林面積は既発展地域のほうがずいぶん大きいことになります. ロシアが発展途上地域に入っているにもかかわらず, こういうかたちになります. 森林面積変化については, 発展途上地域は −0.17% なのに対して既発展地域は 0.03% と, 非常に小さい数ですが増大しています.

2-4　U 字型仮説と森林減少のメカニズム

このように考えると, どうも森林資源は初め豊かであっても経済の発展とともに減少して, やがてどこかで反転して増大すると考えられそうです. これを私たちは「U 字型仮説」と名づけています.

これを考えたときに「クズネッツ曲線」が頭のなかにありました. クズネッツ曲線とは, アメリカの経済学者のサイモン・スミス・クズネッツ (Simon Smith Kuznets) が, アメリカ経済学会の会長になったときの講演で述べたものです. なんらかのかたちで人々の平等度を測ると, 初めはみな貧しくて平等だけれども, 経済が発展していくと富めるものと貧しいものが出てくる. しかし,

やがて貧しい人のところにも富が行き渡るようになり，平等度は上がってくるだろうと述べたのです．横軸に経済発展の尺度をとる，あるいは時間をとる，縦軸に平等度をとるとU字型の曲線が描ける．これをクズネッツ曲線とよんだのです．また平等度を測る場合に，富をとるべきか所得をとるべきかという議論もありました．

これに対して「環境クズネッツ曲線（Environmental Kuznets Curve：EKC）」も研究されています．私たちは森林資源について考えたのですが，それだけではなくたとえば大気汚染の状況とか，川等の水質の状況とかを考えると，同じような曲線を描けるわけです．とり方によって，たとえば水質の良し悪しということになると，いいほうを上にとればU字のかたちになるでしょうし，汚染度をとれば逆U字（逆U字型変動：逆U字仮説）になるということです．

図 2.1 に示す森林資源量の歴史的推移について，井上真が1つの仮説としての段階説を今から20年あまり前に発表しています．ステージIは採集経済という状況の場合にこういうことが起きるだろうというもので，原生林は人口の増加とともに多少減少していくだろうが，それほど変わらない．ステージIIは農耕経済の状況で，農業が発達して人口が増大するにつれて，森林は農地に開拓されていく．ステージIIIが工業化時代で，ますます人口は増大していって森林は減少していくが，あるところで底を打って人工林の増大を中心にして森林は増加に転じていく．ステージIVは脱工業化時代かポスト工業化時代かとい

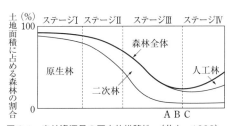

図2.1　森林資源量の歴史的推移性．（井上，1992）
注： 1.「原生林」とは，人手の入っていない自然林と，老齢二次林の両方を含む．
　　 2.「二次林」には，焼畑跡地の二次植生や，木材伐採跡地の既伐採林が含まれる．
　　 3. A点以降，原生林面積は安定する．
　　 4. B点とC点の間では，森林全体の面積がほぼ安定する．この期間は，ステージIIIからIVへの移行期間である．

うステージ分けとなります．しかし，このように段階論で議論をすると工業化の後期にならなければ，森林が増大するようにならないということになってしまいます．また，表2.3を基準に考えても，1人あたりGDP，所得が2万ドルあたりになるまで森林は増大に転じないし，現在の発展途上国が全部そのレベルになるまで待たなくてはいけないというような議論になってしまいます．

U字型仮説は自動的に起きるのではなく，森林減少というメカニズムを別に考え，それに対してどういう対処がされてきているのかを考える必要があります．まず，森林がどういうかたちでなくなるのかについて，次のようなことが考えられます．図2.2をみてください．

森林減少を起こすものとして用材の伐採があります．英語で用材はindustrial woodといいますので産業用材ともいえます．とくに熱帯のことを考えると，第1講でお話ししたように森林を皆伐してしまうという伐り方は普通しませんので，劣化は引き起こすけれども森林減少にはならないはずです．燃料も食べ物を調理するのに必要ですので，燃材の伐採も行われますが，全部なくなってしまうような伐り方を通常はしません．

移動耕作については，少なくとも「伝統的移動耕作」と「非伝統的移動耕作」に分けて考える必要があります．英語では焼畑をslash and burn (agriculture)，

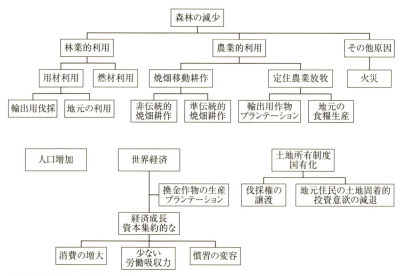

図2.2 森林減少のメカニズム．

移動耕作を shifting cultivation といいます．森林をたたき切って焼いて移動耕作をするということで，これは何千年にわたってずっと熱帯で行われてきた農法です．伝統的に行われている移動耕作は，通例，慣習のなかに生態的に安定的な要素を含めており，これを「伝統的焼畑移動耕作」とよびます．通常，焼いて耕作するのは1年だけしかやりません．何年も同じところでやっていくと，熱帯の激しい雨に土壌が打たれることになり，また傾斜地で行われることも多く，土壌の流亡が起きるので，1年使ったら次に移るのです．次にいったら，また次に，……と焼いていくので，たくさん土地を使ってしまうと思われがちですが，放棄したところは樹木の種子がすでにあったりするので，そこは再び，森林に再生していくことになります．10年とか，それ以上たって再び元のところに戻ったときには，森が復活しているのでそこをまた焼くことができるのです．どういう状態になったら再び焼いていいのかがポイントです．それから，1年で放棄するという慣習の要素が含まれているのが，伝統的焼畑移動耕作です．

　これに対して，今まで焼畑移動耕作をやったことがないような人が，町のなかで生活していたけれども食べていけなくなったので山のなかに入って森を焼くことをしても，こういった慣習をもっていないので同じところでずっと耕作をする．同じところでずっと耕作をしていくと，土壌の流亡が起き，土が固くなって作物が生育していかない状態になってしまい，仕方なく移動していくような移動耕作を「非伝統的焼畑移動耕作」といいます．実際に人口が増大していって，この非伝統的焼畑移動耕作がかなり行われるようになり，森林が破壊されているのが実態だと思います．

　それから，焼畑移動耕作ではなく定置耕作もあります．これにはいわゆる輸出用の作物をつくるプランテーションもあり，地元の人がそこで生活をするための耕作もあります．地球にやさしいといってヤシ油からつくられた製品が売られたりしますが，それも元をたどると本当に環境にやさしい天然素材なのかどうかはなかなか微妙です．森林を伐り開いてヤシ畑のプランテーションをつくっていることがあります．

　そういうかたちでの焼畑移動耕作地や農地を開くために，森林を伐り開いてそこに火入れをします．その火入れがうまくいかずに類焼して大火災が起きたりして森林減少することもあります．

　用材の伐採をすると，道ができるので，そこに地元の人たちが入っていくこ

とになり，燃材の伐採が行われて非伝統的移動耕作が起きることにもなります．それによって火災も起きやすくなるわけです．これが森林減少のメカニズムです．

　ここまでのなかで，いくつかポイントがあります．1つは人口増加が農地を伐り開く必要につながり，それによって非伝統的移動耕作を招くということです．世界経済の発展にともなってプランテーション，たとえば油ヤシの農園をつくるのはこういったことからも出てきます．それから，資本集約的な経済発展が起きます．経済が発展している地域では労働が貴重になるので，労働を使わない方向に技術を発展させようとする力が働きます．それによって機械を使ったり，設備を使ったり，そういう資本をより使うような技術が発達します．それを導入することによって，都市での人口吸収力が少なくなってしまいます．そうすると，非伝統的焼畑移動耕作が増えることにもつながるわけです．

　もう1つ大きな問題は，森林を国が所有することです．国がなぜ所有するかというと，国家財政を経営していくためです．伐採権を売却していきます．それによって，用材の伐採が起きます．

　自分たちが焼畑をしているなら，自分たちの焼畑をずっと続けられるように慣習を守ろうとするでしょうが，自分たちの森林があるとき国有化されて「これは国のものだ」といわれたら，どうするでしょうか．できるだけ早く自分の土地を使ってしまおうとなるでしょう．あとは野となれ山となれというような使い方をするようになっていくのです．

　森林の国有化をして，国がきちんと管理できればいいのですが，そうでない場合はそれまで地元が管理していた森林が無法地帯になってしまう．さらには伐採権によって企業が伐採を行うということから，森林減少のメカニズムを，次から次へと進めていくことにつながってしまうのです．

　このように考えていくと，森林の減少メカニズムは，複雑な要因がいろいろと絡みあっているということがわかります．直接的に森林が減少するのは（図2.2の上半分），農業的な利用（これには輸出用のプランテーションから，自給用の農業までさまざまなスペクトラムが考えられます．牧場の造成や，放牧もここに含めていいのでしょう．さらには非伝統的焼畑移動耕作や伝統的焼畑移動耕作が変容して持続性を失ったもの，これを準伝統的焼畑移動耕作とよびますが，これらも含まれます），林業的な利用（これも輸出用の用材生産から，地

元の用材生産，そして燃材の生産も過剰になれば森林減少の直接的な原因となります)，それに火災などがあげられ，これらを森林減少の直接的原因 (近因) とよぶことができます．これに対して，人口増加や，土地制度 (森林の国有化の問題)，それに世界経済の影響 (世界市場からのプランテーション作物の需要，そして資本集約的な技術の提供や，経済成長をもたらすこと，消費慣習の伝播) 等がいろいろな段階に作用して，森林減少につながっていると考えられるので，これらを森林減少の間接的原因 (遠因)，あるいは背景的原因とよびます (図 2.2 の下半分)．

　近因はしばしば，政策対象として扱うのがむずかしいものです．非伝統的焼畑移動耕作をするなといっても，ほかに食べていくすべがない人々に，それを強いることはむずかしいでしょう．遠因に関しては即効性が乏しいかもしれませんが，政策的な対処ができる場合もあります．人口増加に対する対処は，たしかにむずかしいですが，教育水準，とくに女性の教育水準を上げていくことは長期的に人口を抑制することにつながります．土地の国有化も，森林の所有権，そこまでいかなくても管理の権利を地元の人に与えていくことが，地元の人々の森林管理の意欲に結びつくはずです．実際に熱帯等で，社会林業，あるいは住民参加型の森林管理として導入されている政策は，森林の所有ないし管理権を住民に移していく政策と考えることができます．世界経済の影響も，ブロックするのではなく，うまいかたちに使っていくことはできるはずです．資本集約的な技術も「適正技術」とよばれるような，より労働集約的な技術を開発していくことで，より適切なものに導いていくことができるはずなのです．

第3講　日本の森林所有の形成

3-1　森林の所有

　第3講は，日本の「林野制度」です．これは，「山林」と「原野」を合わせた「林野」がどのように所有されているのか，ということです．

　みなさんが仮に不動産をもっているとすれば，おそらくは親，さらにその親から引き継いできたというかたち，もちろん購入するという場合もあるわけですが，昔だれかがもっていたものから変遷を繰り返して現在にいたっているということになります．森林・林野の所有構造もまた，基本的に歴史的な所産ということができます．

　日本の森林の構成という図3.1をみてください．この図は2つのものを一緒に組み合わせて描いています．1つは，森林の種類ということで業界では林種とよびますが，人工林・天然林・竹林・無立木地の区分です．人工林というのは，第2講でお話ししたように，人が植栽，ないしは播種をして仕立てた林で

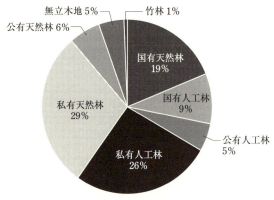

図3.1　日本の森林の構成．（平成24年度「森林資源現況調査」より作成）

す．日本においては，人工林は針葉樹が圧倒的に多いのですが，スギ・ヒノキ，それから北海道だとカラマツ，トドマツといった樹種が主に人工林を構成します．もう1つの区分は，少し奇妙な分け方だと思いますが，国有林，公有林，そして私有林という区分です．

　この公有林と私有林を合わせて民有林とよぶのですが，私有林とは，個人や会社がもっている森林を指します．では，公有林とはなんでしょう．普通は「公」に対して，「民」というものがあるわけです．公の最たるものが国ですが，公有林のなかには国有林は入っていません．では，公有林とはなにかというと，地方公共団体がもっている林，地方公共団体有林が公有林なのです．これには都道府県有林，市町村有林，それから財産区有林というものがあります．国有林以外のこれらをもって「公有林」という，非常に不思議な用語になっています．「財産区」というのはあまり聞いたことがないかもしれませんが，地方公共団体法に定められている特別地方公共団体で，市町村のなかにおかれるもので，3-5節でも再び触れることにします．

　「なぜこういうことになっているか」ということがこの第3講の話題になります．先ほどからいっているように，「林野制度」は歴史的所産です．それから，だれがどのように森林をもっているのかということを知らないと，森林にかかわる政策や分析ができないので，これはなんといっても林野制度は最初に，しっかりと押さえておかなければいけません．

　歴史的所産ですから，歴史を振り返らなければいけないのですが，基本的に所有権というものが近代的なかたちになったのは明治以降ですから，明治のところから話すということになります．しかし，明治時代にどういうことをしたのかを話すためには，その前の江戸時代にも触れなければいけません．江戸時代の林野制度の話をする場合に，いつも桃太郎の話の冒頭を紹介します．「昔々あるところにおじいさんとおばあさんがありました．おじいさんは山にしば刈りにいきました」というところまで話をすると，それでそのころの林野所有のかたちを読みとることができるのです．みなさんは「おじいさんは山にしば刈りに」の「しば刈り」というと，どういうものを思い描きますか．「しば」という字は，草冠の「芝」と，木が入っている「柴」と，2つあります．前者の「芝刈り」は，芝刈り機で刈ったりする芝なのですが，おじいさんが行ったのは後者の「柴刈り」です．「柴」は，小枝，あるいは小木を指します．おじいさんは

なんのために山に柴刈りに行くのか．別に緑の芝生が欲しくて芝刈りに行ったのではなく，薪をとりに行ったということなのです．

　前講までで，世界の森林についてお話ししましたが，なぜFAOが森林について調査をしなければいけないのか，食糧機関なので「食べ物がどうなっているか」を考えなければいけないからです．人間が食べるためには，加熱をするのが基本なので，加熱をするためには薪が必要である，という話をしました．同じように「おじいさんは山に柴刈りに」行ったのは，まさに薪をとりに行っていたということなのです．さて，その次におじいさんが入っていった山について考えましょう．「山」という言い方をすると，日本では通常「森」のことを指します．「おじいさんは山に柴刈りに行った」というときにおじいさんは大山持ちで自分の山に入っていった．大山持ちだったら，自分で薪をとりにいかないかもしれませんけれども，そういうことであったとすると，せっかくこのあと桃太郎が大きくなって鬼退治をしても，ありがたみが少ないですね．だから，きっとそうではない．では，他人さまの山に入っていったのか，というと，これもたぶん違います．「おじいさんは薪をとりに，隣の人の山に入って盗んできました」などといったら，これは童話として子供たちに聞かすことができなくなりますね．そうすると，どういう山だったのか，というと，村の人たちの「入会山（いりあいやま）」であったというのが一番自然だということになります．

　村の人たちだれもが，調理をするため，あるいは暖をとるために薪が必要だったのです．彼らはどういうふうに使っていたかというと，自分たちの山，つまり森というものがあって，そこでみなで入りあって使っていたのです．これが，おじいさんが薪をとりに行っていた山のすがただろうと思われます．

　江戸時代の山というのは，いくつかの種類に分けられますが，1つめがこの入会山で，村の人たちが使っていたことから村山，村持山（むらもちやま）といった言い方もします．2つめは，幕府や藩が経営をしていた山で，御立山（おたてやま），御直山（おじきやま）という言い方をします．この2つのあいだに，なかなかむずかしい問題があります．幕府や藩が必要な「用材」というもの，スギ・ヒノキといったような針葉樹が多いのですが，こういった樹種を主とする林は必ずしも純林であるということはないので，薪炭に使われる燃材が一緒に生えているということはよくあります．こうしたクヌギ・ナラといった燃材に使われる雑木には幕府や藩はあまり興味がないということも考えられます．こうした山の管理方法として幕府や藩は，

留山，留木といった制度をつくりました．留山というのは，そこに人々が入ることを禁じたもので，留木というのは，木の種類を決めて，これは伐ってはいけないとしたものです．代表的なものとして木曽五木をあげます．木曽の山に生えている，ヒノキ・アスナロ・コウヤマキ・ネズコ（クロベ）・サワラの5種類の木については，伐ってはいけない．「木一本，首一つ」という言い方をするくらい，これを伐ってしまうと厳罰に処せられるといわれていました．ただ，記録上，これを伐ったために首を切られた記録は残っていないそうですが．こうした留木の制度は逆にいうと，これ以外の木であれば，伐ってもかまわないということなのです．ですから地元の人たちは，燃材を採取するために山を利用していました．このように重層的な構造で利用していた場合が，けっこう多いといえます．秋田では青木は，広葉樹のアオキではなく，青々とした木，つまり，秋田杉を指し，伐ってはいけませんでした．秋田杉は今日では人工林を含めていいますが，昔は天然林しか秋田杉といわなかったのです．そうすると，秋田の場合もスギの純林ではなかったわけですから，青木は伐ってはいけないといっても，青木以外で燃料に使えるものは，地元の人たちが使っていたということになります．

　3つめに，百姓や藩士が個人でもっていた山というものがあります．抱山(かかえやま)とか百姓山などといわれていたもので，これは有力な百姓や藩士が，自分で木を植えて経営をしていた，実質的には個人有林です．江戸時代の所有構造はどうなっていたかというと，基本的にこの3つに分かれていたと考えることができます．

3-2　地租改正

　明治維新以降，大政奉還があり，王政復古が宣言されます．その直後に行われたのが，1869年の版籍奉還です．「版」というのは「版図（領地）」，土地のことです．「籍」というのは「戸籍（領民）」で人民ということです．それまで基本的には藩，幕府がもっていた土地，人民を明治政府に奉還したということです．版籍が奉還されたので，明治政府は自分で財政を立て直していかなければなりません．そして1873年に地租改正が行われます．地租改正とはなにかというと，それまで幕府あるいは藩が人民に納めさせていた「年貢」を「地租」

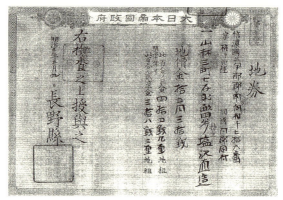

図 3.2　地券.

に変えることです．年貢とは，毎年とれた収穫物，基本的には米を一定の割合で納めさせたものです．年貢は，藩によって異なるものの，五公五民，六公四民というとても重いものでした．

　これに対して地租改正はどういうものであったかというと，地券を発行して，その地券に土地の地価を定め定率の課税をしたということが，地租改正です．地券の例をみてください（図3.2）．「地券」「しなの国かみいな郡みなみむかい村1076番　山林3町7反2畝4歩　しおざわなおぞう」「地価　金15円30銭」と書いてあります．地券を発行することによって，その土地の所有者を明らかにし，地価を定めてやるのです．それでは，地価はどのように決めればいいのでしょう．

　毎年どれくらいの米がとれるのかは，それぞれの土地によってだいたい評価はできるとして，その土地の価格をいくらに決めたらいいのでしょう．毎年毎年どれくらい米がとれるとか，年あたりどれくらい利子が出てくるかということを「フロー」という言い方をします．これに対して，その土地自体，あるいは元手を「ストック」といいます．毎年生み出されるフローをもとに，もともとあったストック（毎年お金を生んでくる原資）の評価をするのですが，逆に，かたまりとして資産をもっていた場合に，毎年の利益をどれくらいずつ生むのかということをまず考えてみます．たとえば銀行にお金を預けると，毎年利息が出てきます．銀行にストックであるX円を預けて年5%の利息ということであれば，フローである$X \times \dfrac{5}{100}$円を毎年もらうことができます．そうすると，

「ストックを与えるとフローが出てくる」という式 ($Y=X\times\frac{5}{100}$) を書くことができ，これを逆にすると ($X=Y\times\frac{100}{5}$) という式が書けます．このように年率どれくらいでまわるのかがわかれば，ストックに対応するフローも出すこともできるし，逆にフローが与えられれば，それをストックに直すということもきるわけです．この後者をキャピタライゼーション（capitalization：資本化）といいます．実際に地価の計算をした場合も，だいたいこの 5% が使われたようです．ですから毎年その土地がどれくらいの収益を生んでくれるのか，というフローの 20 倍で地価を評価するということが行われることになります．地租としては 3 分 (0.03) という課税の税率が最初に定められました．これを全部合わせると，どれくらいの重さの地租であったかがわかります．毎年の収穫 Y 円の 20 倍で地価が評価され $20Y$ 円となり，その地価に対して 3% の税金をかけるのですから，$0.6Y$ 円となります．つまり，地租改正によってどういうことが行われたかというと，五公五民とか六公四民であったものを一律に高いほうの六公四民に合わせて地租が決められたということになります．

3-3　山林原野の官民有区分

　地租改正をする場合には，地券の発行をするので，その土地をだれがもっているのかを明らかにしなければいけません．もちろん田畑についてもだれがもっているのかを明らかにし，地券を発行し地価を決めて税金をとりました．これに相当することを山林について行ったもの，つまり地租改正の林野版といえるわけですが，これを山林原野の「官民有区分」といいます．

　官民有区分することの意味は 2 つあって，1 つは森林について官有地を確定して官有林を経営していくことです．それまで木曽五木とか秋田の青木のように，藩や幕府が経営していた森林を明治政府がきちんと経営をして，それによって収入を上げることが，官有林経営の確立として必要だったのです．

　もう 1 つはもちろん，地租改正事業の一環なので，民有林を確定して税収を上げていくという目的があったのです．そうすると，江戸時代の林野制度が入会山と幕藩有林と個人有林であったときに，どのように民有林や私有林を確定していったらいいのかが問題となります．みなさん明治政府の役人になったつもりで官民有区分をやるとしたら，どのように決めますか．まず官有林経営を

確定したいので，この目的からいうと幕藩有林は当然官有地にします．それから，きちんと林業経営をやっている人にはその所有を認めて，税金をちゃんと納めてもらうようにしたほうがいいですね．ですから，これについては，所有を認めて地券を発行し，その代わり地租を払ってもらうということをします（これを民有地第一種とよびます）．最後の入会山についてはどうか．個人でもっているわけではありません．村人たちが村ごとに管理・経営をしている，薪や炭として使う，おじいさんが山へ柴刈りに行って利用する，というような利用の仕方になっているところです．明治政府の役人であったとしたら，どう考えるのかというと，「民有地として認めても税収があまり出てきそうもないところだから，どうしようか」というところですね．村の所有を認めた場合は，民有地第二種とされましたが，官有地に入れられたところも多いのです．たとえば，先ほどからお話ししているように，木曽の山も典型的ですが，木曽五木については，たしかに幕府が木曽の山をもっていて使っていたわけです．その性格をもちながら，地元の人たちも，地元で煮炊きをして，食べ物を準備するときには薪をとりに行っていたはずなのです．しかし，地元に所有を認めたところで，地租もあまり期待できないので，官有地にされたのです．明治政府は，最初の指示においては，比隣保証でいいとしていましたが，のちに明文保証に変わります．隣村がそれを認めるようであれば，その村の持ち物であるということを認めようというのが，比隣保証です．これに対して明文保証というのは，そこが所有してきたということを文書記録などにより明らかにしなければ認めないというやり方で，こういう方式に変わっていったということです．

　東北地方などは典型的ですが，「軒下国有林」という言い方があり，民家の軒の下から国有林になっているのです．このように，たてまえとしては，入会山は民有地第二種になるとされたのですが，実際は多くが官有地になってしまったのです．

　実際にはどれくらいが入会山であって，どれくらいが個人有林で，どれくらいが幕藩有林であったかは，江戸時代にとくにこういうかたちでの統計がないのでわかりません．また正確に把握することがかなりやっかいなのです．図3.3に示した，山梨県内の林野所有の変遷模式図をみてください．一番上の1868年，つまり明治維新のときはどうだったかというと，①御林(おはやし)等，つまり幕藩有林，②入会山，③ここでは「百姓山」という書き方をしていますが，個人持山，

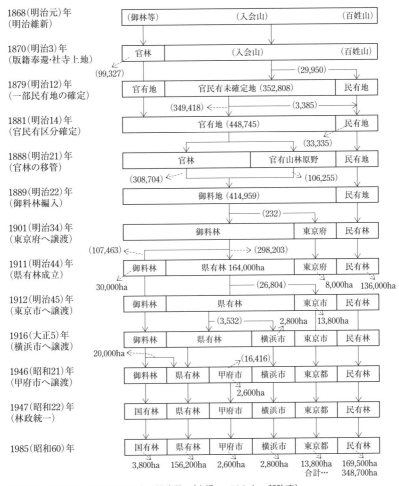

図 3.3　山梨県内の林野所有の変遷模式図．(大橋，1992 を一部改変)
注：カッコ内は台帳面積（単位：町）．

の 3 つに分かれていたという認識は，今回お話ししてきた内容とまったく同じです．それが官民有区分によってどうなったかというと，1881 年は官民有区分が確定した年となっていますが，全国的にも 1881 年は官民有区分が終わったところです．実際には住居地・農地については，地租改正でもっと早くに地券の発行が終わっているのですが．

図 3.3 に戻ります．官有地は 44 万 8745 町で，図 3.3 の注に「カッコ内は台

帳面積」と書いてあります．右端の一番下をみると，合計して34万8700 haとなっているのですが，haと町はほとんど変わらない面積の単位ですから同一視すると，官有地が44万8745町に対して，民有地が3万3335町なので，圧倒的な割合の林野が官有地になってしまったとみえるのです．ここでやっかいなのが，今「みえる」といいました．それから，「カッコ内は台帳面積」と書いてあることです．

3-4　台帳面積と実測面積の乖離

　林地においては，台帳面積と実測面積というものがあるのです．非常に奇妙な世界でしょう．台帳に載っている面積と実際に測った面積は違うというのが，実は林野についての常識なのです．「縄延び」とか「縄縮み」という言い方が，この世界ではあります．土地の面積を測るときに，縄をまわして測ります．「はい，一町分」というかたちで測るのです．ところが，縄を延ばしてしまうと「はい，一町分」といったのに，囲んでいる土地はもっとずっと広いということになります．ですから，縄延びというのは，正しく測った場合の面積（実測面積）よりも台帳面積が小さい場合を指し，縄を延ばした結果生じるわけです．

　なぜ，こんなことをするのでしょうか．なぜ，実際の面積よりも台帳の面積を小さくするのか．どういうメリットがあるのか．もちろんメリットがあるからこういうことをするのです．課税のもとになるのは台帳ですね．ですから，実際の面積よりも台帳の面積を小さくすると，土地の所有者にとっては課税総額が少なくてすむということになるのです．

　それから，江戸時代の所有構造が，官民有区分を経て，さらにいろいろな変化が起きますので，面積をずっと追うのは，なかなか困難になります．山梨県というところは，所有構造において非常に珍しい県です．北海道有林を除けば都府県有林のなかで一番面積が広いのが山梨県有林なのです．官民有区分確定の1881年，官有地が44万8745町に対して，民有地が3万3335町であった時代から，そのあとをずっとたどっていくと，「県有林成立」というのが真ん中くらいにあり，そこでは13万6000 haとなっています．これがだいたいの実測面積です．その間，細かい変更はとくにないので，官民有区分が確定したときの3万3000町というのは，およそ県有林が成立したときの13万6000 haに

等しいと考えることができます．ざっと4倍くらいです．このように縄延びというのは，地域によって違うのですが，山梨県の場合には4倍くらいの縄延びをやっていたということなります．つまり，官民有区分確定のときに官有地に9割以上が囲いこまれたともいわれますが，それは台帳面積上の話であって，全体が34万8700 haのうちの13万6000 haは民有林となっていたので，およそ3分の2が官有地に囲われたというのが正しいのでしょう．

　山梨県の場合，1888年に「官林の移管」とありますが，これは明治政府に山林局という部局ができて，官有地（国有林）の経営をやっていこうということで，官林としたところです．それから，1889年に「御料林編入」とあります．御料林とはなにかというと，天皇家の財産のことを「御料」といいます．明治政府がこの時代に天皇家の財務基盤を確立するために皇室財産を設けることが重要だと考え，そのなかに御料林というものを位置づけ，山梨県の官有地は御料地とされたわけです．ただ，地元の人たちは相変わらずここで薪をとっていたのです．天皇家としても，ここはなかなか自分で管理することができないということで，1911年に御料地のほとんどを県に移管し，その結果もともとの入会山であったところが，県有林になりました．このような経緯で山梨県有林が成立したわけです．もともとの御林であったところは御料林として残りますが，それは3万 haくらいです．それ以外の県有林は16万4000 haで，民有林が13万6000 haなので，入会山と個人持山が，山梨県の場合は同じくらいあったと考えられます．

　このように，森林というところは面積ですら実際と台帳で違っているのですから，どこがだれの土地であるのかを明確にするのがむずかしいことになります．実際に山（森林）のなかに人が入っていたころは，お互いにどこまでが自分の土地か了解していたので，問題は少なかったのですが，木材の価格が労賃に対して低くなってくると，山の管理に対するインセンティブも下がり，山のなかに入っていく機会も少なくなり，代替わりし，遺産として不在村地主として都市の住民が引き継いだりすれば，どこが自分の森林かわからないということが起きてきます．現在，地籍調査といって，どこがだれの土地か明確にする事業を進めています．現地で境界の確定をしなければならないのですが，なかなか進まないのが現状です．

3-5　国有林，民有林，公有林

　官民有区分が終わった1881年から18年後の1899年4月に，国有土地森林原野下戻法が公布されます．これは「翌年の1900年6月までに（延長され12月まで）申請があったものについては再検討をする」としたものです．申請は2万675件，205万7000町歩，出されましたが，このうちで下戻されたのが1732件，40万4000町歩です．1年という短い期間しかなかったにもかかわらず，これだけ出てきたことは不満が非常に多かったということでしょう．206万町歩はどれくらいの大きさかというと，日本の森林面積は全部で2500万haですから，その1割近い申請があったということです．現在の国有林面積760万haと比較すれば4分の1以上です．すでに1890年より，国有林経営のために，必要な土地（要存置）と必要ではない土地（不要存置）とを区分する調査を明治政府は開始しており，1899年3月には国有林野法が公布され，国有林野特別経営事業が始まり，国有林経営が本格化することになります．特別経営事業は1920年まで続きましたが，その間，不要存置国有林野とされた105万3000haは払い下げを行い，それで存置すべき森林407万3000haの経営の資金にもあてたわけです．

　そのほかに官有地にかかわることで話すべきことは，前節でも触れましたが，1889年に御料林が設置されたことです．それから，北海道国有林．これは山林局の管轄下にはなく，第二次世界大戦が終わるまでずっと内務省がもっていました．開発用地として，北海道内の国有地を内務省が管轄していたのです．御料林は宮内省が管轄していたのですが，それらを全部まとめるというのが林野官僚の長年の夢でした．戦後になって，御料林（130万1000ha），北海道国有林（245万3000ha），それに山林局の国有林（416万8000ha）を，今の林野庁で管轄するようになったことを，林政統一（1947年）といいます．

　国有林側で起きたことはこういうことなのですが，他方，民有林，とくに民有地第二種がその後どうなったかをみると，市制・町村制が1889年に布かれます．それまで村というのは，自分たちが共同生活をしていくためにつくっていた集落のことでした．こうした自然村は，「むら」「ムラ」などと，仮名書きをすることが多いのですが，それらが行政的につくられた市町村（行政市町村，こちらは漢字書きをします）になります．それはだいたいどれくらいの数だっ

たかというと，7万1314あったといわれるムラが1万5859の市町村に減少し，平均すると4つか5つくらいのムラを1つにまとめるということを行いました．最近の「平成の大合併」ではありませんが，行政として運営していくためには，もう少し大きな単位がいいだろうということで，このようにされたわけです．

　そうすると，どのようなことが起きるか．入会山は，おじいさんたちが自分たちで決まりを決めて使っていたわけです．決まり，つまりムラの掟というのは，内的規制と外的規制とに区分できます．内的規制とは自分たちのあいだの決まりで，使いすぎにならないようにする．たとえば「山明け」の時期を設けて，それより早い時期には入らないとか，あるいは籠を背負って，1籠がいっぱいになるまでしかとってはいけないというような決まりです．一方，外的規制とは，よそものが使えないようにすることです．よそものの最たるものが「隣村の連中」で，隣村からうちの薪をとりにくるやつがいたら放逐しようということをやっていました．だいたい，隣村同士は仲が悪いのが常ですが，行政村を布くことによって，合併しろと迫られたのです．こうしたときの対応策の1つに「割山（わりやま）」がありました．自分たち村人が使っていたみんなの山を，各人の持ち物に分けてしまうことで，森林を分割して個人所有にすることです．あるいは，「条件付統一」．行政村のほうに所有をかたちのうえでは移すけれども，その山からとれたもの，典型的には，そこから薪をとる権利は，地元の人たちだけに認めるという条件をつけて統一するわけです．もちろん，「無条件統一」もありました．これらを組み合わせた場合もあって，入会山の一番上はどうせ使えないから無条件で統一することを認めるけれども，麓に一番近いところは，自分たちで使えるからと割山をしたというようなところもあったのです．

　その後，「昭和の市町村合併（昭和の大合併）」が行われます．市町村合併法（1953年）そして新市町村建設促進法（1956年）が施行されて，1961年までに市町村数が9868から3472に減少しています．このときに，合併前の旧市町村を財産区という特別地方公共団体にして財産，すなわち山をもつことができるというかたちをとったのです．市町村合併の政策は，1965年の合併特例法（10年の時限立法）が10年ごとに延長を繰り返されましたが，低調となっていました．1995年の改正から再び加速することとなり，いわゆる「平成の市町村合併（平成の大合併）」という事態になります．1999年4月に3229あった市町村は，2014年4月に1718となりました．

このように江戸時代に入会山であった森林は，国有林に組み込まれたところ（その一部は，地元の利用を優先する権利を認められた共用林野制度となり），公有林となったところ，私有林となったが代表者名義としてムラの利用を認めたり，多数者の共有名義にしてムラの利用を認めたりしてきたところ等，いろいろなかたちをとりました．民法では入会権の規定がありますが，基本的には「各地方の慣習に従う」とされており，近代的な制度になじまなかったので，「入会林野等に係る権利関係の近代化の助長に関する法律（入会林野近代化法）」が1966年に制定されています．この法律に基づいて進められたのが生産森林組合化です．「生産森林組合」とは森林組合法（当時は森林法）で規定された制度で，たてまえとしては，森林を現物出資し，事業に従事するものが組合員となり，森林の経営を共同して行う組織ですが，入会山を生産森林組合とすれば，ムラ人たちが組合員で，入会の活動をしていれば森林の経営を組合員が事業従事もしていることになるので，近代化するのに都合のいい制度だったといえるでしょう．そうした経緯で，入会山がこの入会林野近代化法に基づいて，生産森林組合になったものが非常に多いのです．生産森林組合の8〜9割が入会山だったところだといえるでしょう．

　最初にみた日本の森林の構成の図で，林野所有は国有林と公有林，そして私有林に分かれ，後者の2つは合わせて民有林とよぶというお話をしました．なぜそうよばれるかというと，官民有区分によって，官有地と民有地に分けたところに起因するのです．民有地第二種を主な起源とする市町村有林も，都府県有林のなかで一番大きな山梨県有林も，もともとは入会山なのです．これらの公有林が民有林のなかに区分されるのは，このような歴史的経緯があるからなのです．

第4講　明治以降の経済と森林

4-1　経済発展による時期区分——第二次世界大戦以前

　この講でお話ししたいのは，明治以降の林政史です．前講で，今日の森林所有のあり方，林野制度が明治の初めの官民有区分に，その源があることをみました．今日の森林のあり方を考えるのに，少なくとも明治から考える必要があると思います．

　とはいうものの明治元年が1868年，それ以降のおよそ150年間の話を，一気にするわけにはいきません．明治以降現在までをいくつかに分けて，なにが起こってきたかを振り返ろうと思います．

　明治以降，日本の歴史を考えてみると，なんといっても第二次世界大戦の前と後では世の中の様子がすっかり変わりましたので，まず第二次世界大戦の前と後とで分ける必要があるだろうと思います．

　それから，第二次世界大戦の前を考えると，1945年以前となりますが，これだけとってもざっと80年近くあるわけで，これもまだ長い．もう1つどこで区切るかというと，第一次世界大戦のところで切るのがいいのではないかといっている人がいます．1919年とか1920年とかです．実は私の師匠が日本の経済がここで大きく変わったのだといっています．私の師匠というのは，フェイ先生とラニス先生で，フェイ先生は台湾人で，ラニス先生はドイツ人ですが，ふたりともアメリカのイエール大学というところで教えていまして，私はそこで経済学の勉強をしました．

　フェイ先生，ラニス先生はどういうことをいったかというと，「二部門経済論」ということを考えていました．これは経済発展論という経済学の1つの分野の理論です．経済発展論というものは，発展途上国がなかなかうまく発展しないのはなぜなのか，どうしたらうまく発展するのだろうか，といったようなことを勉強するものです．そのなかで二部門経済論というのは，発展途上国の

経済が2つの部門に分かれていると理解するのです．1つの部門は，近代的，都市あるいは工業部門で，これは効率を追いかけるわけです．これに対して，伝統的，農村ないし農業部門があって，お互いを慮るとか，経済の安定的な分配を中心に構成されている経済部門で，効率を犠牲にしても，分配だとか，みんなが仲よく暮らせるような社会をつくろう，安定を求めるということをやっている．こういうかたちで，農村経済が支配的であると，経済発展がなかなか進まないと考えるのです．近代的な，都市の効率的な経済が発達していって，それに農業部門ものみこまれることになると，全部が効率的に動くようになると考えます．伝統的な部門において，安定を優先し，分配を中心とするような経済原則が，効率を原則とするような経済部門に統一される時点を転換点とよびます．日本の経済について，その転換点がいつあったのかに関して1919～20年だとフェイ先生，ラニス先生はいっているのです．

これに対して，同じように二部門経済論を使って分析をされている大川一司先生と南亮進先生という，一橋大学の先生方ですが，そのおふたりが，日本の転換点は1960年代初頭であるといっています．大川先生，南先生は一橋ですので太平洋のこっち側，フェイ先生，ラニス先生はイエールなので，太平洋というよりは大西洋に近いですけれども，太平洋の向こう側にあるので，太平洋を挟んだ論争というようにいわれていました．私がちょうどイエールで勉強していたときに，大川先生がイエールに来られていて，この論争をどうにかして統一しようという研究をされていました．大昔，1980年ごろの話ですね．そういうこともあって，まあフェイ先生，ラニス先生の学恩もあるので，私としては，1919年あたりを1つ区分点におきたいのです．

4-2　経済発展による時期区分——第二次世界大戦以降

第二次世界大戦以降は，どうなっているかということになると，これは大川先生，南先生に従えば1964年ということになるのかもしれませんが，図4.1をみてください．もっとも基本的な社会経済的な指標といっていいと思いますが，経済成長率です．経済成長率はGDPの成長率です．GDPとはなにかということを議論すると，マクロ経済学の最初の1回分の講義ぐらいの話になりますが，調べればきっとわかると思いますのでここでは割愛することにしましょう．

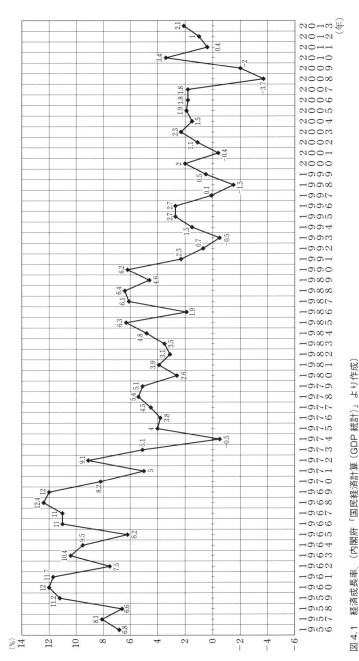

図 4.1 経済成長率 (内閣府「国民経済計算 (GDP 統計)」より作成)
注：実質 GDP 前年度比増減率。年度ベース。

それで，この図をみると，毎年けっこうな出入りがあるので，区分をどのようにすればいいかちょっと悩むのですけれど，1970年よりも前のあたりは10％に近い高い GDP 成長率を示しています．それがどこで変化するかというと，1974年にマイナスになってしまって，ここに断絶があります．1974年になにが起きたかというよりは，実は1973年に第一次オイルショックがありました．OPEC, すなわち石油を輸出している国々がカルテルを形成して，輸入国に対して価格の上昇を通告したというのが第一次オイルショックです．この第一次オイルショックが起きたのは1973年の秋ですが，実際に経済の動きが本格的にこの影響を受けたのは翌年ということで，1974年の GDP 成長率がマイナスになったということです．

4-3　経済発展による時期区分——「失われた20年」

この GDP 成長率をみると，1990年くらいを境に，そこから非常に低い成長率をみせるようになっています．このへんでなにがあったかということについては，これを特定することはなかなかうまくできません．バブルの崩壊により，バブル経済に浮かれていたものが，低成長期に入ります．「失われた10年」という言い方をしていましたが，若干の回復をしていたものが，リーマン・ショックを機に再び不況を呈するようになり，結局「失われた20年」となってしまいました．

これで GDP の成長率は，第一次オイルショック前，それから第一次オイルショックから1990年のあいだ，それと1991年以降というように3つに分けることができるだろうと思います．第一次オイルショックまでの時代をどのように表現するかというと，経済高度成長期という言い方をすれば，自然ですね．1990年までの時期とそれ以降をどうよぶかは，まだ定説はなかろうと思います．1991年以降は，「失われた20年」という言い方をすることが多いので，これを用いてもいいのですが，1973年までを高度成長期というのにならえば，ニュートラルに低成長期とよぶこともできるでしょう．同じように，高度成長期の終わりから1990年までを中位成長期という言い方をするのがいいのかもしれません．

明治以降の歴史をみると，戦前期は，第一次世界大戦前と，1919年から1945

年の両世界大戦間に，戦後に関しては，高度成長期，中位成長期，低成長期に，全部で5つに区分できると最近は考えています．

4–4 人口成長による時期区分

　経済というか社会を規定するものとして人口がありますので，その成長率を図4.2に掲げます．1945年に日本は第二次世界大戦の敗戦を迎え，それまで戦地に赴いていた人たちが帰ってきて，非常に高い人口成長率を示したのが1946年で5%．また平和が再び訪れたので，第一次ベビーブーマといわれる世代が生まれ，しばらく高い人口成長率が続き，やがてだんだん下がってきて1955年くらいにはだいたい1%になって，1%の人口成長率がしばらく続きます．1973年は1.5%くらいまで上がるので，少しずつ上昇していったということができます．第一次ベビーブーマの人たちが子供を産む時期というのが，1970年ごろで，生まれてきた人たちは第二次ベビーブーマなどといわれますが，それがそのころ，人口成長率が上がった主な理由だと思います．

　細かくは1966年に人口成長率が若干下がり，1972年に増加していますが，前者は丙午で出産が控えられたという特殊事情であり，後者は沖縄返還で，それまでの国勢調査に含まれていなかった沖縄県が含まれるようになったという事情です．人口動態という社会状況を把握するうえでは，前者は移動平均をとるような扱いが，むしろ望ましいでしょうし，後者では，沖縄県を含んだ人口を返還前でも用いるか，返還後も沖縄県を含まない人口で成長率を推計して連続性を確保するなどの扱いが望ましいといえるでしょうが，こうした事情を織りこんで，データを読みこなせばいいことでしょう．

　こう考えるなら1973年あたりがもう1つの頂点だと考えられます．それからずっと人口は減少を続けています．みなさんもニュースで聞いた覚えがあるかもしれませんが，2005年に人口成長率はマイナスを迎えました．ただ，それ以降の動きをみると，2006年，2007年，2008年，2009年は再びプラスの人口成長率になっていますので，2005年でマイナスに転じたというよりは，2005年にマイナスになったとだけいっておくべきでしょう．本格的にマイナスの成長に入るのは，2010年に入ってからです．ですので，2000年代の後半，2005年から2010年にかけては日本の人口は，ほぼ一定で推移していたというべき

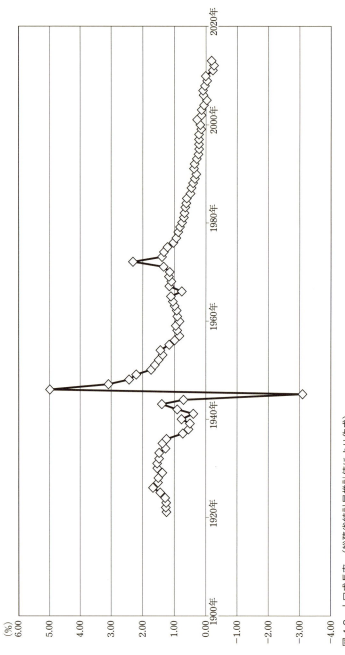

図 4.2 人口成長率.(総務省統計局推計値により作成)

だろうと思います．

　2010年から日本は人口の減少期に入ったと読みとることができます．人口という重要な社会要因が減少期に入ったのですから，日本という社会は新しいエポックに入ったといえるのかもしれません．この講義ではまだ時期尚早で，次の時期区分はできませんが，将来，たとえばあと10年なり20年なりして次の教科書を書くとしたら，この2010年が次の時期区分点になっているかもしれません．

4-5　時期区分からみる森林政策——第二次世界大戦以前

　第二次世界大戦以前の人口成長率も合わせて，表4.1にまとめました．

　経済の動き，人口の変化に対して日本の林政，森林政策がどのように動いてきたのかをお話しします．

　第一次世界大戦前の時期は森林がおおいに荒れていました．前講で山梨県にあった御料林のほとんどが県に御下賜されたことを指摘しましたが，その1つの要因は御料では森林管理が十分にできずに水害が頻発したことがあります．水害が頻発したのは山梨県に限ったことではありません．このころは日本の森林がたぶん一番荒れていた時期ということができるだろうと思います．江戸時代にはそれなりに，ムラが内部規制，外部規制によって山を守ってきました．しかし幕藩体制が崩壊し，明治政府による支配が貫徹するまでのあいだというのは，森林に対する規制が非常にゆるくなった時代だととらえることができます．そういうわけで，森林をどう守っていったらいいのかということが非常に大きな課題となっていた時代だったといえます．

　そのような流れのなかで，1897年に制定された森林法によって，今日もある保安林制度が誕生します．保安林という制度は，その森林を保安林に指定することによって，そこで行える「施業」，森林の取り扱いのことですが，そこの森林ではたとえば皆伐（全部伐り開くこと）はできないとか，いっさい伐採してはならない（禁伐）とかの施業規制をします．

　保安林というのは，水源かん養保安林が，面積が一番多いのですけれども，土砂流出防備保安林，土砂崩壊防備保安林，ここまでを1号から3号という言い方をしますが，現在では森林法の25条に規定される11号17種の保安林が

表 4.1 明治以降の森林と経済.

	1868年 第一次世界大戦前	1919年 第一次世界大戦前 両世界大戦間	1945年 第二次世界大戦後 高度成長期	1973年 第二次世界大戦後 中位成長期	1991年 低成長期
経済	軽工業化	重工業化 1929年農業恐慌	復興・重工業化	サービス化	IT化
経済成長率	2.8	3.4	9.1	4.2	0.9
人口成長率	1.1	1.2	1.2	0.7	0.1
森林法律	1897年森林法(保安林制度) 1907年森林法(森林組合の導入)	1939年森林法改正(強制的な森林組合と施業案)	1951年森林法(森林計画制度、森林組合の改組) 1964年林業基本法 1968年森林法改正(森林施業計画)	1974年森林法改正(4 整備目標面積) 1978年森林組合法(森林法から独立)	1991年森林法改正(流域管理システム) 2001年森林・林業基本法、森林・林業再生プラン 森林法改正
木材需給	自給自足	移輸入量 400～600万m³	燃料革命と外材化 1961年木材価格安定対策	自給率の低下 50→20%	自給率の下げ止まり 紙・板紙需要の頭打ち 国有林野の一般会計化
国有林関連	1873～1881年 官民有区分 1899～1921年 国有林野特別経営事業(要存置不要存置区分)売却、境界査定	1920年 公有林野官行造林法	1947年森林政策統一 1958年国有林野成長力増強計画 1961年木材増産計画	1973年「新たな森林施業」 赤字の恒常化と改善計画	
観光	鉄道による観光	大自然風景の発見 山水ブーム 1931年国立公園法 1934～36年 国立公園設置(12カ所)	ローラウェイ スカイライン道路 自家用車 1957年自然公園法 国立公園設置(7カ所)	ディスカバー・ジャパン 自然保護運動 1972年自然環境保全法 1987年総合保養地域整備(リゾート)法 1973年国立公園計画再検討の通達	国立公園政策 1993年環境基本法 2002年自然公園法改正

指定されています．

　森林が荒れていて困っていたので，荒れないように規制をかけたのです．これが1897年の森林法です．

　次に，1907年の第二次森林法ですが，営林監督制度と森林組合という制度が導入されました．森林の経営をどうやっていくのかについて指導するというのが1907年の森林法でした．前者の営林監督制度というものは，公有林と社寺林に施業案（森林の取り扱いについての計画）を立てさせるというものでした．後者の森林組合も経営をどうやるのかという観点から設けられたものです．今日でも森林組合は森林所有者の組合で，森林所有者がなにか森林施業をしようとする，たとえば林道をつけるということを考えてみると，これは木材を市場なり，製材工場なりに出すために道をつけるのですが，隣の人の森林を通っていかないといけないというようなことが生じます．日本の森林所有は零細で錯綜していますので，このようになんらかの施業を行おうとすると，まわりの森林所有者と協同して行うほうが合理的な場合がしばしば起きます．この森林所有者の協同を制度として確立したのです．第二次森林法の森林組合の場合は，任意設立，強制加入でした．地域の3分の2以上の森林所有者が3分の2以上の森林をもっていて森林組合を設立したいとすると，その地域の人はみんな入らなければいけないという，任意設立，強制加入の森林組合でした．

　さて，フェイ先生，ラニス先生ふうに1920年ごろを画期とする立場からすると，大戦間の時期は労賃が上昇し，生産要素価格体系の変化があったことが重要です．日本が木材輸入国になったのも，おそらくそのことに関連した，大きな変化といえるでしょう．それまではナラ材などをヨーロッパ等に輸出していましたが，北米からの木材輸入が急増するのがこの時期です．

　日本の森林資源に関してもU字型仮説の底を迎えたのが1910年代と考えられることから，森林資源の充実化が進展した時期ということができるでしょう．生産要素価格体系の変化を受けて，林業の国際ポジションが変わり，また森林の荒廃を受けて，森林保全政策が出されていたものが浸透してくるようになったということだろうと考えられます．森林の観光的利用に関しても，国立公園法が1931年に制定され，実際に国立公園が設置されるなどの動きがありました．森林資源の充実という観光の供給側の状況と経済発展による観光の需要側の要求の高まりが背景としてあったといえるでしょう．

森林法に関しては，1939年に改正があり，森林組合を強制設立，強制加入にしました．そしてその森林組合で施業案を立て，それに基づいて林業を行わしめる制度にしたのです．1939年という時期，第二次世界大戦前夜のころになりますけれども，そのとき立てられた施業案という仕組み，これを英語にすると，まず施業というのは，森林を管理，運営していくことですから，Forest Management, 案というのは Plan ですから，施業案は Forest Management Plan となります．これをさらに戻して和訳すれば，森林経営計画となってしまうでしょう．内容的にはそういうものだといえるでしょう．

　森林法を改正して，大所有者は自ら施業案をつくらないといけない，中小の森林所有者は森林組合をつくって施業案をつくらなければならないとしたのです．施業案制度を完結するために森林組合という制度が使われ，強制設立・強制加入の森林組合にしたというのがまさに大戦間の1939年で，木材統制が行われていったのですが，その基礎に森林組合がおかれたということです．

4-6　時期区分からみる森林政策——第二次世界大戦以降

　戦後復興期の林政上の重要な立法として1951年の第三次森林法があげられます．森林計画制度が布かれ，森林組合の改革がなされました．強制的に森林組合をつくり，強制的に施業案を立てさせていたものを，民主化したわけです．森林組合自体も任意加入，もちろん設立も任意の森林組合へと変わりました．それから，施業案制度という統制をやめました．しかし，森林の，あるいは林業といったもののもつ動きというものはまったく市場に任せておくわけにはいかないだろうということで，国全体に立てる森林計画をおいたのです．もっとも，戦前に強制的につくられていた森林組合ですが，わざわざ解散する必要もなかろうと，そのまま移行した組合も少なくありません．また，そうした森林組合は形式的に市町村役場におかれ，実質的に機能していなかったところも多かったのも事実です．森林計画制度は，当初は376の基本計画区に森林基本計画を立て，その下に民有林に2096の森林区をおき森林区施業計画，国有林に546の経営区をおき経営計画を立てるものでした．これらの5年ごとに立てられる5年計画に基づき，民有林に関しては森林区に関して単年度の森林区実施計画が立てられることになっていました．

戦後の復興も軌道に乗り，高度経済成長期に入り，工業と農林漁業の所得格差が問題とされるようになり，農林漁業基本問題調査会が1959年に設置され，農林漁業の基本問題の解決が目指され，1961年に農業基本法，遅れて1964年に林業基本法ができます．林業総生産の増大を期し，林業従事者の所得を増大してその経済的社会的地位の向上に資するように，林業という産業を主体として考えたのが林業基本法です．つまり，高度成長期，都市が発達するのに見合って山村も発展していくべきだ，林業も振興するべきだということでおかれたのがこの林業基本法といえます．この法律のもとで行われた政策は林業構造改善事業といわれるもので，森林組合を主な政策対象として，林道の整備，さらに機械化や木材加工流通を推し進めるものでした．

　森林組合は森林所有者の協同組合ですから，森林所有者の意見の集約，協業を行うのがその意義の第1にあげられるべきでしょう．しかし，それにとどまるだけでなく，林道整備を行い機械化し林業を行い，木材加工流通を担う事業体としての性格ももちあわせることになりました．補助金の受け皿になることで，また全国森林組合連合会，都道府県森林組合連合会の系統を通して，個々の森林組合の指導が行われることから，政策を伝えるなど地方公共団体の補完をする性格ももってきました．

　林業基本法で規定されたのは，林業構造改善事業の根拠法としての意義もありますが，林業白書とよばれる年次報告を政府が毎年行うことと，林政の基本的な審議を行う林政審議会をおくことにしたことがあげられます．さらに「森林資源に関する基本計画」ならびに「重要な林産物の需要及び供給に関する長期の見通し」を立てることが規定されています．森林法ではこれを受け，基本計画に即して5年ごとに15年の全国森林計画を立てることとなりました．これらの規定が，森林法の上位法と位置づけられるゆえんといえるでしょう．

　1968年に森林法改正がされて，森林施業計画がおかれたのは，ある意味で施業案の復活ということができます．ただし，1939年の施業案は強制的に立てられたものですが，森林施業計画は，任意の計画です．英語にするとこれもForest Management Planとしか訳しようがないですが，これを立てることによって補助金の上乗せや税金の減免が得られるという，優遇措置がとられました．

　さて，戦後の林政の動きを林業構造改善事業を振り返ることで概観してみましょう（表4.2参照）．

表 4.2 林業構造改善事業の変遷（1965-2001 年度）．

	林業構造改善事業	第二次林業構造改善事業	新林業構造改善事業	林業山村活性化林業構造改善事業	経営基盤強化林業構造改善事業	地域林業経営確立林業構造改善事業
目標	経営規模の拡大等を通ずる林業総生産の増大，林業生産性の向上および林業従事者の所得の向上	属地的協業の促進等を通ずる林業総生産の増大，林業生産性の向上および林業従事者の所得の向上	地域林業の組織化を通じた総合的な林産物の供給体制づくりと魅力ある山村社会の形成	地域の森林資源の成熟度，特色を最大限に活かした林業・山村の活性化	森林の流通管理システムの推進のもとで，林業の経営基盤を強化し，林業を地域産業として維持・強化	経営の集約化，資源の循環利用，就業者の育成，確保を総合的に推進
事業実施年度	1965-1974	1973-1985	1980-1994	1990-2001	1996-2002	2000-2006
指定地域数	986	891	山村林構 670，地区林構 243，広域林構 59	総合型 438，その他全 722	担い手育成型 92，その他全 143	集約型 340，その他全 420
1 地域あたり標準事業費	7 千万円	1.8 億円	山村林構 6 億円，地区林構 2 億円，広域林構 3 億円	総合型補助 5 億円＋融資 1 億円	担い手育成型補助 5 億円＋融資 3 億円	集約型補助 3 億円＋融資 1.5 億円
事業実績	765 億円	2270 億円	4683 億円	補助 3236 億円＋融資 856 億円	補助 9876 億円＋融資 539.5 億円	補助 1820 億円＋融資 910 億円

　高度成長期には，第一次林業構造改善事業，すなわち，第一次林構が行われました．経営規模の拡大，林業生産性の向上を通じて林業従事者の所得の向上を目指す，という基本法に書いてあるとおりの目標が掲げられていて，約 1000 カ所について，それぞれ 7000 万円が標準事業費なので，事業総額は 765 億円でした．主な事業は林道開設で，林業生産性の向上のために林道開設を一所懸命やりました．それから，経営規模の拡大を目途に入会林野の近代化を進めました．これが高度成長期の構造政策で，ある意味で，やるべきことをやってきた，ということができます．

　中位成長期における林構事業というのは，二次林構と新林構です．1 地域あたりの標準事業費が 2 億円，あるいは山村林構では 6 億円と，かなり高額のお金が使われるようになりました．属地的協業の促進等を通じる，林業総生産の増大．それから，林業生産性の向上および林業従事者の所得の向上のための，

協業生産基盤整備，あるいは高度集約団地協業経営，属地的協業の促進を図り，地域林業の組織化を通じた総合的な林産物の供給体制づくりを行い，林道等の基盤整備，機械の導入を進めました．

　失われた20年の低成長期に入って，林業山村活性化林構が1990年から始まっています．経営基盤強化林構が1996年から，地域林業経営確立林構が2000年からというように，次から次へ新しい林構をやっていくというかたちになってきています．2001年に林業基本法は森林・林業基本法に改正され，林業・木材産業構造改善事業が，翌年の2002年から始まっています．森林・林業基本法なのに，構造改善事業のほうは，林業・木材産業構造改善事業です．法律名は森林をつけたのですが，林構事業は，林業と木材産業のほうに向かっているわけです．

　さらに2005年からは，それまで補助金の体制であったものが，強い林業・木材産業づくり交付金となり，交付金に変わっています．いわゆる三位一体の行政改革に沿った政策変更です．補助金から交付金に変わると，地方公共団体の自由度があがります．地方分権の時代ですから，これがいい方向に働くことを期待したいところです．2008年には森林・林業・木材産業づくり交付金，2012年から森林・林業再生基盤づくり交付金と，交付金名も次から次へと変わってきました．これが，失われた20年における構造改善事業のあり方ということができます．

　林業構造改善事業の変遷をたどることで，戦後の林政の変化を概観してきましたが，高度成長期は，木材生産という産業としての林業をどう組み立てていくかが志向されたといえるでしょう．しかしながら，1961年の「木材価格安定緊急対策」に典型的に表れているように，国有林の増産，民有林の伐採促進，外材輸入の拡大が図られ，国有林の過伐，民有林のいわゆる拡大造林，外材輸入による国内林業の停滞を招いたといわざるをえないでしょう．こうした高度成長期の，ある意味で歪みとでもいうものを修正する動きが中位成長期にはみられます．

　1974年に森林法が改正されて，4整備目標が立てられるようになりました．4整備目標というのは，木材生産を中心に林業基本法が立てられていたのですけれども，木材生産の目的だけでなくて水源かん養の目的，山地災害防止の目的，保健保全を目的とする面積がどれくらいであるのかということを指定する

というように森林計画が変えられました．したがって，1974年あたりで林業，木材生産というものを中心としていたものから，それ以外の目的も重要だという傾向が出てきたといえます．1 ha 以上の森林の開発に許可が必要とされた林地開発許可制度が導入されたのもこのときです．この林地開発許可制度は典型的だと思われますが，中位成長期は，高度成長期の歪みの修正という色彩が強いと考えられます．1978年に森林法から森林組合法が独立したのも，法律の整序という意味合いが強いものですが，中位成長期の調整といえるのかもしれません．

保安林の指定も，高度成長期には水源かん養保安林の面積が増大しました．高度成長期の旺盛な水需要に応えるという面があったのでしょう．中位成長期では，保安林面積の増大も鈍り，保健保安林の指定が相対的に多くなっています．これも公益的機能の重視と歩を一にするものといえるでしょう．

森林・林業という観点からは少しずれますし，やや前後しますが，1971年に環境庁が設置されたのも，1972年に自然環境保全法が制定されたのも，公害対策といった対症療法的な政策から，より根本的な制度的な取り組みへ政策全体が変わってきたことの表れと考えられます．高度成長期に国立公園法は廃止されて自然公園法に変わっています（1957年）が，自然公園は保護計画と利用計画からなる公園計画が立てられるように，保護だけでなく，どう利用するかが重要な要素になっています．しかし，1970年には海中公園の制度が設けられたり，1973年には普通地域の規制強化やゴルフ場を公園事業から外す等，保護へ舵が切られた時期ということができます．

失われた20年において森林・林業はどのように変わってきているか，第5講および第6講で詳述しますが，先取りしておくと，需要側では(1)製材品および合板需要が景気の波と同期しながらも減少傾向にあること，そして内容としては無垢からエンジニアドウッド（EW）の方向に変わっていくということ，(2)パルプ用材の需要が頭打ち，ないし減少に転じていること，(3)薪炭材需要が増加に転じていること，これにはエネルギーとしての木質バイオマス利用の進行も視野に入れて考える必要がありそうです．

供給面では(1)高度成長期に行ってきた拡大造林がいよいよ生産化され，国産材の供給が増大に転じていること，(2)林業就業者もあと5年か10年で，ピークの年齢層が退職され，様変わりすること，(3)いよいよ主伐が政策テーマと

なってくること，こうしたことを念頭に政策を考えていく必要があります．

　実際にこの時期の林政の動きをみると，2001年に林業基本法を森林・林業基本法と名称変更したこと，森林・林業再生プランにつながる一連の政策変更がなされたこと等があげられるでしょう．基本法は名前を変えましたが，林業構造改善事業の変化をみると，森林の方向に展開しているわけではなく，むしろ木材産業の方向に展開しているといえるでしょう．木材の需給の動きからいうならば，これは必然ともいえますし，森林・林業再生プランも林業の再生ですから，軌を一にしているといえると思われます．構造改善事業の交付金化や，平成の市町村の合併，それと並行して行われた森林組合の合併，21世紀に入ってからの変化ですが，環境庁の環境省への昇格，国立公園の見直し，国有林での保安林面積の増加，国有林の一般会計化など，林業の外からの変化も大きいといえるでしょう．

　まだまだ，低成長期，あるいは失われた20年をどう総括するのか，十分に咀嚼できているとはいいがたいですが，世界的には森林法を生態系管理の法律に改定してきていることを考えるならば，やはり日本の林政は1周遅れているのではないかと思われます．1周遅れのトップを本物のトップにしていくことが今の林政には求められているといえるでしょう．

第5講　日本の木材需要

5-1　2通りの木材需要——丸太換算，用途別需要

　第5講では戦後の木材需要についてお話しします．まず木材の総需要の推移を考えます．木材の生産が国内で全部行われるのであれば，木材は木から生産されるので，紙のかたちで使おうと，製材のかたちで使おうと，いったんは丸太のかたちになってくれるわけです．そこで統一的にとらえて合計すれば，木材の総需要を物理量として把握できます．

　ところが，現在の日本においては，かなりの部分が輸入によって賄われています．そうなると，あるものはチップというかたちで輸入され，あるものは合板というかたちで輸入され，あるものは製材として，あるものは丸太として入ってくることになります．

　製材品というのは，丸太を少なくとも図5.2のように四角く切ったものなので，「背板」とよばれる灰色の部分は輸入されないことになります．そうすると，たとえば製材として1 m³輸入されているものと，丸太で1 m³輸入されたものでは，国内の林業に与える影響が違ってきます．けっこうこの量は大きくて，たぶん背板の部分だけで丸太の4割くらい，ものによってはさらにそれ以上になります．つまり製材品で輸入された1 m³が国内林業に与える影響は，丸太1 m³で入ってきたものが与える影響の倍くらいになってしまうことになります．

　全体でどれくらい輸入されているかを考えるためには，「丸太換算」ということで，製材品1 m³が仮に丸太として入ってきたとしたら，どれくらいだったのかを計算します．おそらく丸太換算すると製材品1 m³は2 m³に近いくらいの影響を国内林業に与えているということで，丸太換算では2 m³に近いくらいの値になります．そういうかたちで製材品，パルプ，それから合板，その他，薪炭材を丸太換算して合計を出しています．「木材の総需要の推移」（図5.1）は，

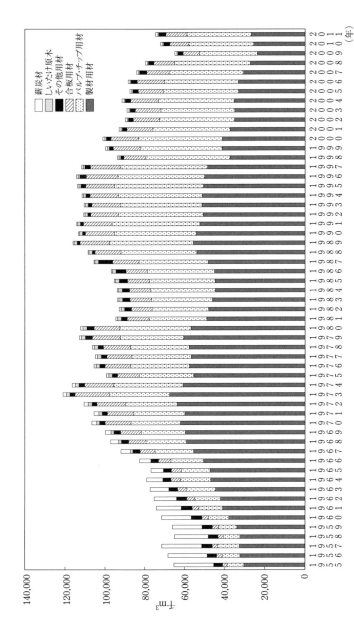

図 5.1 木材総需要の推移. (林野庁「木材需給表」より)

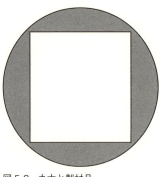

図 5.2 丸太と製材品．

丸太として入ってきたらどれくらいの量が使われているかを推定したというものになるわけです．

　総需要がピークになっているのは 1973 年なので，そこまでのところをみていただくと，もちろん多少の増減はありますが，基本的には増大を続けています．1973 年までは増大して，それ以降になると，とくに傾向的に増加・減少をしているわけではないことが，みてとれます．しいたけ原木も項目としてあげられていますが，分量としては少ないので，「その他」に含めてもいいだろうと思います．

　そうすると，木材需要の項目としては，主要なものは製材品・合板・パルプになります．パルプは，ほとんどが紙・板紙になります．

　木材需要を考えるうえで，実はこのパルプの扱いは，けっこう面倒です．丸太として輸入された場合，丸太から製材品をとった残りの背板の部分はほとんどがチップとなり，それがパルプになっていきます．つまり，国内で丸太として生産されたもの，あるいは外国から丸太として入ったものが製材品に加工されると，製材品に加工されるだけではなくて，パルプになっていく部分があるのです．

　製材品として輸入されたものは，国内林業に与える影響というううえでは，丸太換算をします．一方，丸太として入ってきたものは，パルプになっていくというかたちの用途別需要にもつながることになるのです．

　副産物として出てくるパルプも，パルプあるいは紙の需要の総量を考える立場からは忘れずに考えなければいけません．つまり，用途別需要を考えるとき

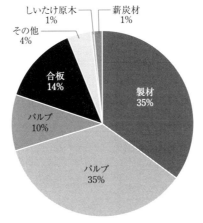

図 5.3 木材需要 (2013 年).（林野庁「木材需給表」より）

には，パルプとしてどれくらい必要なのか，製材品としてどれくらい必要なのかを，それぞれ考える必要が出てきます．しかし，国内林業に与える影響を考える場合は，背板から出てくるパルプは，もう丸太で勘定しているのでこちらで勘定する必要はありません．そうすると，この背板など，廃材から副産物として出てくるチップ・パルプになっていく部分は立場によって扱いを変える必要が出てきます．

「木材需要 (2013 年)」(図 5.3) をみてください．「製材 35%」「パルプ 35%」，さらに「パルプ 10%」，それから「合板 14%」となっています．この「パルプ 10%」とは，背板などの製材工場から副産物として出てくるチップによるパルプの量で，それをここに入れているのです．円グラフでみているときには，用途別需要の大きさがどのようになっているかをみたいので，この背板として出てくる副産物としてのパルプの大きさも測ることになります．

図 5.1 の「総需要の推移」では，丸太としてどれくらい使われているかという丸太換算をみています．用途別需要をとらえる「木材需要 (2013 年)」の場合とは違う扱いをしていることになります．

丸太換算で総需要量を考える場合には，副産物としてのチップを数えたら二重計算になってしまうので考えません．一方，用途別需要を考える場合には，紙の需要はどれくらいの大きさなのかをみる必要があるでしょうから，副産物

のチップも計上してあります．

　用途別需要の内訳は2013年の時点で製材品が35％，合板が14％，パルプは35％＋10％，薪炭は1％となっています．この時点で製材品とパルプを比較すると，パルプのほうが需要項目として大きいという状況になっています．国内林業に与える影響を考えるため総需要をみるとすれば，この10％をとってパルプ35％に注目することになります．

　製材品の丸太からの歩止まりは針葉樹だと63.7％，広葉樹については54.8％という値が使われています．広葉樹は針葉樹に比べて曲がりが大きいので，製材になる率がより低くなっています．この逆数を使って，製材品で入ってきたものは，針葉樹については63.7％，広葉樹については54.8％で割り戻して，丸太に相当する量（丸太換算率）を出すと，針葉樹については1.57倍，広葉樹については1.82倍になります．

5–2　戦後の推移

　前節で，戦後の日本経済をみる場合には，1973年が1つの大きな区切りになっているとお話ししました．1973年の11月ごろに第一次オイルショックがあって，石油価格が高騰しました．石油に非常に依存している経済だったので，石油価格の高騰は，日本経済に大きな影響を与えました．

　図5.1をみると，1974年は1973年よりも下がっていますが，それよりもむしろ1975年のほうが大きく下がっています．木材の需要で建築の占める割合が非常に大きいのですが，おそらく契約というかたちで建築をすることがあるので，建築需要は1年以上のラグがあって影響が大きく出てきたといえます．その次に大きく減少しているのが1981年です．これは1979年の第二次オイルショックの影響で大きく下がったと考えることができます．

　1973年までは高度成長期にあって，この間木材の需要も増大していったとみなすことができます．これに対して1974年以降しばらくは，傾向的な増減は認められません．景気が上昇する場合には増加するけれども，景気が減少した場合，たとえばオイルショックのようなときには減少します．ただ1990年代後半からは減少傾向が読みとれます．

　木材に限らず需要は，国内における需要と国外からの需要があります．国外

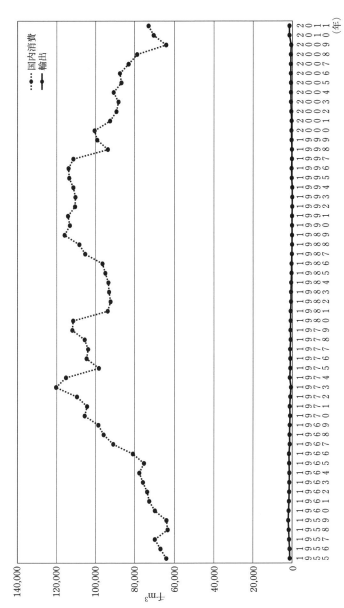

図 5.4 木材の国内外需要. (林野庁「木材需給表」より)

からの需要は，輸出というかたちで実現されます．供給は国内での供給と国外からの供給，つまり輸入というかたちになるわけです．

　日本の木材についていうと，輸入が現在大きい位置を占めていることは，みなさんもご存じだろうと思います．需要側についてみると，実は日本の木材輸出は非常に少ないのです．図 5.4 の「国内消費」と「輸出」のうち，「輸出」は横軸にほとんど一致するようなかたちで出ています．輸出が一番大きかったのは 1964 年で，3% になります．

　日本の木材の需給を考える場合には，輸出をほとんど考えなくてもいいのですが，この輸出の 3% というのは，重要な輸出項目だったのです．このほとんどが合板です．合板は今日では針葉樹でもかなりの量を製造していますが，このころは南洋（東南アジア）から輸入されるラワン材（熱帯材）を使って合板にしていました．それをアメリカ合州国に主に輸出していたのです．合板は 1970 年時点では総需要の 13% ですが，だいたい 10% 近くの需要項目になっていたのです．10% の項目のうちの 3% 分というのは生産の 30% くらいは輸出していたことになるのですから，けっこう大きくなります．実際に 1964 年当時，高度成長期の始まりで，日本の輸出産業はこれから伸びるという時期でしたから，この当時に外貨を稼ぐことのできた合板産業は，非常に大きな意味をもっていたのです．

　以上のような限定はありますが，輸出はとりあえず話から外して，図 5.1 により国内の需要をみましょう．1955 年をみると，一番上の薪炭材がけっこう大きな割合を占めていたことがわかります．1955 年当時は，総需要の 3 割程度を薪炭材が占めていました．今日では薪炭材，薪や炭などは，あまり大きな需要項目ではありませんが，1955 年当時はずいぶん大きな項目でした．薪炭は，高度成長期を通じて，だんだん減少していきました．

　一番大きな需要項目であった製材品をみると，1973 年まで増大して，1974 年，1975 年と減少して，1979 年にその次のピークを迎えて，1980 年，1981 年と減少していて，第二次オイルショックの影響がみてとれます．以上のように需要項目によって，パターンの異なることがわかります．図 5.5 では積み上げではなく，それぞれがどう変化したかをみています．

　1955 年には製材品が一番大きいのですが，薪炭材もけっこう大きかったのです．しかし，薪炭材についてはほぼ単調に減少していくパターンになっていま

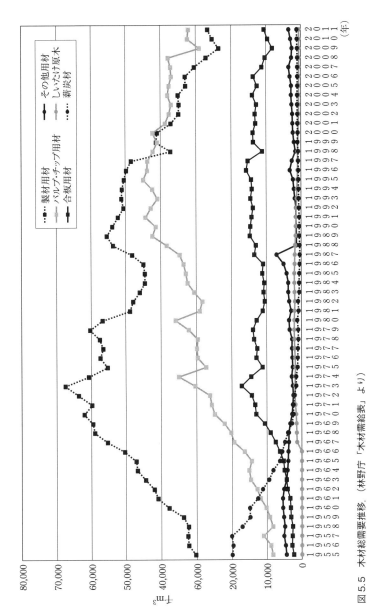

図 5.5 木材総需要推移.（林野庁「木材需給表」より）

す．製材品は1973年まで増大して，それ以降たぶん傾向的に減少しているとみていいのですが，総需要の動きと同じように，景気による増減が大きいです．

　需要項目別にパターンをみてみると，製材品と合板については1973年までの増加は，双方に認められます．1974年以降は，傾向的に製材品は減少していますが，合板はその分増大しているパターンだとみることができます．ただ，製材品と合板の両方について，景気による増減が認められるといえます．薪炭材についていうと，1973年以前もそれ以降も減少しているといえます．パルプは副産物のチップを計上していないので，図5.5では1997年までパルプは製材品を超えていませんが，1990年代半ばまで増大し，それ以降も景気による増減をしつつ傾向的な減少を見せて推移しています．

　こうした1973年までと1974年以降の違いは，景気のパターンは1973年までの高度成長と，それ以降の安定成長ないしは低成長期に分けられるので，そこでの違いとみることができます．

5-3　所得との関係——普通財，必需財，劣等財，奢侈財

　総需要の変化としてはこのようにみることができましたが，需要項目別にみると薪炭材・パルプ，あるいは製材品・合板で，ずいぶん需要のパターンが違うことがみてとれます．

　個々の需要あるいは供給の説明は経済学のなかでも「ミクロ経済学 Microeconomics」といわれる分野で行います．ミクロ経済学は「価格理論」といわれるように，価格で決まると考えることが非常に重要な点ですが，ここでは所得を中心に考えます．

　薪炭材，薪・炭ですが，1955年ごろは炊事に使っていたし，暖房にも使っていました．ところが，薪・炭を使わずにガスや電気，石油を使うように変わっていったのです．これを可能にしたのは，おそらく所得が増大したからだと考えることができます．所得が増大したことによって，需要がほかのものにとって代わられるような財を，「劣等財」といいます．劣等財は所得が増加するとともに，需要量が減少する財です．

　通常の財は，所得が増大すると需要が増大すると考えられますので，「普通財」とよびます．劣等財と普通財のあいだに，所得が増減しても需要量の変わ

らない財を考えることができます．最近の米はどうかわかりませんが，米のように必ず必要なものがこれにあたります．あるいはトイレットペーパーなどもそうかもしれません．所得が増えたからといって，トイレットペーパーをたくさん使ったりしません．米だけではなく，たとえばカロリーとして考えると，非常に貧しい時点では，おそらく所得が増大するとカロリーを増やす食事をするようになるでしょうが，ある程度のところまでいって，十分なカロリーをとるようになると，所得が増大したからといって，カロリーをさらにとろうとはしなくなります．所得が増大しても需要が変わらなくなるわけです．こういうものを「必需財」といいます．

　所得が増大すると，それ以上に増大するものを「奢侈財（しゃしざい）」といいます．「奢侈」は贅沢ということです．所得増よりも需要が増大する率が高いものを奢侈財といいます．

　そうすると，所得増と需要増の率を比較できるようにしなければいけません．所得は経済学では「Y」と書くことが多いです．所得の変化はある時点とその次の時点の差で ΔY と書きます．そうすると，所得の増加率は「$\Delta Y/Y$」と書けます．需要量は「D」，需要の増加率は「$\Delta D/D$」と書きます．

　このように所得の増加率と需要の増加率を書くならば，この劣等財・必需財・普通財・奢侈財はどのように書けるでしょうか．所得の増加率よりも需要の増加率のほうが大きい，これを奢侈財といいます．そうであれば，

$$\Delta Y/Y < \Delta D/D$$

このように書くことができます．

　奢侈財であると，需要の増加率を所得の増加率で割ったものが1を超えます．このように，変化率を変化率で割ったものを「弾性値」とか「弾力性」といい，需要の所得弾力性，需要の所得弾性値とよびます．奢侈財は，需要の所得弾力性，需要の所得弾性値が1を超えるものといえます．これをギリシャ文字のξ（グザイ）で書き，奢侈財というのは，ξが1を超えるものといえます．

$$\xi \equiv (\Delta D/D)/(\Delta Y/Y) > 1$$

　普通財は，ξが0より大きく1以下のものです．

　必需財は，所得が増大しても需要が増大しないので，ξがほぼ0のものですし，所得が増大すると需要が減少する劣等財は，ξが0より小さい，つまり負のものといえます（表5.1）．

表5.1 需要の所得弾力性 (ξ) による財の区分.

	$\xi<0$	$\xi\fallingdotseq 0$	$0<\xi\leqq 1$	$1<\xi$
財の種類	劣等財	必需財	普通財	奢侈財

5-4 パルプと薪炭材

こうやって考えると薪炭材は，所得が増大したことによって需要が減少するという性質をもっている劣等財ですから，所得の増大にともなって需要が減少していったと考えることができます．これに対してパルプ材は，紙や板紙として使われるものですが，所得が増大するとそれにともなって増大していくという性質をもっていたと考えることができます．つまり，パルプや薪炭材は弾性率が固定的であったので（前者は正で後者は負），所得の変化によって，需要が変わっていったと考えていることになります．どちらも

$$\xi \equiv (\Delta D/D)/(\Delta Y/Y)$$

で，これが変わらない値であったということです．これは

$$\xi \cdot D/Y = \Delta D/\Delta Y$$

と変形できます．これは差分方程式ですが，これを極限にもっていくと微分方程式とみることができます．微分方程式としてみるとこうなります．

$$\xi \cdot D/Y = dD/dY$$

この微分方程式は，変数分離型の非常に単純な微分方程式ですから，これを解いて，積分定数を C として以下のようになります．両対数グラフに表すと，直線になるということです．

$$\ln D = \xi \ln Y + C$$

こうした考えのもとに，戦後の所得を x 軸，薪炭材やパルプの需要量を y 軸にとって描いたのが図 5.6〜図 5.9 のグラフです．図 5.6 は，パルプについて描いたものです．基本的に所得は増大しており，それにともなってパルプの需要も増大していったことがみてとれます．それから，図 5.7 が薪炭材ですが，所得が増大していくと減少していくというかたちになっています．

それから「所得とパルプ需要（両対数）」（図 5.8）と「所得と薪炭材需要（両対数）」（図 5.9）をみてください．こんなにきれいになるとは，私も思っていなかったのですが，所得とパルプの両方とも対数をとってやると，図 5.8 のよう

図5.6 所得とパルプ需要量.（林野庁「木材需給表」，内閣府「国民経済計算確報」より）

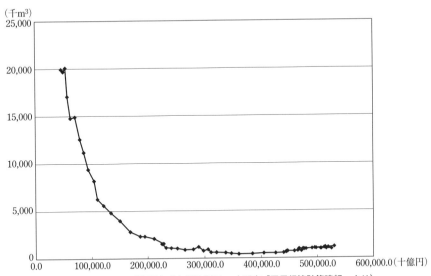
図5.7 所得と薪炭材需要量.（林野庁「木材需給表」，内閣府「国民経済計算確報」より）

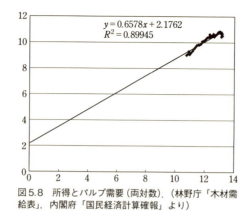

図 5.8 所得とパルプ需要（両対数）．（林野庁「木材需給表」，内閣府「国民経済計算確報」より）

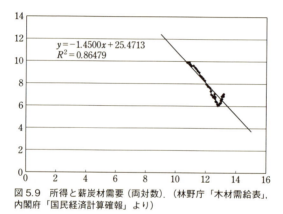

図 5.9 所得と薪炭材需要（両対数）．（林野庁「木材需給表」，内閣府「国民経済計算確報」より）

にきれいに直線に乗ってくれます．傾きは 0.6578 になっています．

　所得と薪炭材需要も図 5.9 のようにきれいに直線に乗ってくれて，この場合は弾性値が -1.4500 という，かなり大きな負の値をとっています．

　こうしてみると，パルプ需要は所得の弾性値がおよそ 0.7 ということですから，パルプ材は普通財としてとらえることができます．薪炭材は -1.45 という，かなり絶対値として大きな値の劣等財です．高度成長期にはだいたい 9% の率で所得が増大していったわけですから，その間薪炭材については所得の増大率に 1.45 をかけた 13% くらいの率で減少していったといえます．それからパルプ材は弾性値がおよそ 0.7 ですから，6% の増大をみていたといえます．

　「紙は文化のバロメーター」と紙の業界の人たちはいっていて，しばしば「需

要の所得弾性値が，ほぼ1である」という言い方をします．ここに出ているのは 0.7 です．紙の業界の人たちが違うことをいっているのかというと，実は業界の人たちと私とはみているところが少し違うので，それによって違いが出ています．私たちがみていたのは木材パルプの需要で，業界の人たちは紙（正確には紙・板紙）需要です．なにが違うかというと，大きくは古紙の入り方です．

戦後，製紙業での技術革新は広葉樹の利用から始まりましたが，その後の木材資源への影響の大きな技術革新としては古紙利用があげられます．古紙回収のシステムも完備して，回収率としては8割に近い数値が最近では出てきています．それから古紙を6割強パルプに入れています．ですから，所得が増大するにつれて，紙はほぼ同じくらいの割合で増えていったけれども，木材を新たに使う部分はだんだん少なくなってきているのです．この 0.3 という値の違いは，主にそこから生じてきています．

ですから，私たちがみた 0.7 というのも正しいし，紙の業界の人たちがいう所得弾性値がほぼ1も，たぶん正しいのです．

さらにもう1つやっかいなことがあります．2000年ごろから紙・板紙の需要はほとんど増大していません．一方，所得は1％程度の低い数値ですが，2000年以降も増大しているわけです．これは日本だけではなく，ヨーロッパもアメリカもそうです．いよいよペーパーレスに入ってきたのかもしれないし，どうしてそういうことになっているのかは，実はまだ私も答えを出しきってはいないので，ぜひみなさんも一緒に考えていただきたいのですが，こんな状況になっています．

それから1990年くらいから薪炭材の需要は所得が増大するにつれて増大するように変わってきています．ずっと劣等財だった薪炭材が，普通財になってきているのが最近の状況です．ですから，最近までみると，需要の動きはずいぶん違ってきていると思います．

薪炭材はなぜ普通財になってきたのでしょうか．使われ方がだいぶ変わってきているのです．昔は調理や炊事，暖房に使っていたのですが，ガス・電気・石油に取って代わられました．最近の薪炭はたとえば，焼鳥屋に行くと備長炭使用などと書いてあって，むしろ高級な店に行くと炭を使っています．それから，薪はアウトドアで使います．また，産業的に土壌改良に使ったり，水質改善に使ったりと薪炭の使われ方がずいぶん変わってきています．したがって，

戦後についておしなべていう分には，薪炭は劣等財であったため所得の増大にともなって減少してきたといえますが，最近の動きは紙・パルプについても，それから薪炭材についても少し違うといえます．

5-5　製材品と合板

さて，製材品や合板についてはパルプや薪炭材とはだいぶ話が違います．景気による増減を繰り返しているパターンになっており，様子が違うわけです．これはどのように説明できるでしょうか．

薪炭材やパルプは使うとなくなるというかたちの使われ方です．ところが，製材品や合板は建築に使われます．建築ではどう使われるかというと，その年に建築すると，その分だけ建物が増えるというかたちになります．つまり，パルプや薪炭は使ったらなくなる，いわゆる消費なのですが，建築に使われるものは，建築することによってストックが増大していく投資なのです．

製材品，合板は建築や家具に使われます．紙は使うとなくなってしまうのですけれども，製材品，合板は，建築によって，建築物，建物ができるということです．家具にしても，つくられると当分のあいだ使われます．こういうかたちのものなので，家具は耐久消費財という言い方をしますし，建築物は「資本」という言い方をします．

所得について，その水準が高くなると，それによって紙・板紙はもっと使われるようになる，薪炭材は使われなくなるというような，所得が消費量を決める構造になっていると考えられたわけですが，建築はどうでしょうか．居住空間や産業生産スペースは建築によってつくられますが，産業が活発になればなるほど，産業が使うべきスペースはより広くなってきます．また所得が向上すると居住スペースも，より広いところを需要することになるでしょう．

ところが，居住スペース，産業生産スペースは建築によってつくられるのですが，以前つくった部分ももちろん居住スペース，産業生産スペースとして使われます．これらスペースは平方メートル単位で勘定できます．たとえば，スペースが 2013 年の初頭に S_{2013} だけの面積があり，2012 年の初頭にスペースが S_{2012} だけあったとなると，2012 年の 1 年間にどれだけ建築をしたかを B_{2012} として，同じ 1 年間に壊れたり，廃棄されたりしたスペースを E_{2012} として S_{2013}

$= S_{2012} + B_{2012} - E_{2012}$ と書くことができます．厳密にはこうなるはずですが，この E_{2012} という部分は，マイナーな項目なので以下の議論では無視します．

このように1年間にどれだけ建築したかとか，どれだけの所得を1年間に得たかといった，ある一定の期間のあいだに起きた事柄をフローといいます．初頭にあったもの，建築物面積のようにある一時点での量，これは「ストック概念」です．消費量は，1年間にたとえばパルプ材をどれだけ使ったか，あるいは薪炭材をどれだけ使ったかをいいますので，これもフロー概念といえます．上記の式では S がストックで，B と E がフローです．

年間の建築量はしばしば戸数でいわれますが，今話しているのは建築「面積」です．広い面積の建物を建てることになれば当然，同じ一戸の建築物であっても木材の使用量が増えます．したがって木造建築量と木材使用量を関係づけるときには，面積で建築量を量るほうが適当と考えられます．そして平方メートルあたり木材がどれだけ使われるのか，これを建築面積あたりの木材使用原単位とよびますが，これがわかれば，建築面積と木材需要をつなげることができます．

木材使用原単位を調べるには大きく2つやり方があります．ミクロベースでは，建築が実際にされているところに行って，どれだけの面積の建物を建てていて，それにどれだけの木材を使っているのかを調査します．マクロベースは，統計量としてたとえば年間の総建築面積が出ているので，それに対してどれだけ木材が使われているかを調べます．

木材使用原単位を木造建築について推計すると，だいたい $0.2\ \mathrm{m^3/m^2}$ です．木造ではない建物も内装などに木材を使います．非木造建築の建築面積あたりの木材使用原単位は，$0.02\ \mathrm{m^3/m^2}$ くらいの値です．木造建築と非木造建築では，使われる木材の量はおよそ10倍くらい違うのです．

製材用の木材使用量は，使用原単位を α とすると，$\alpha \times B_{2012}$ で表されます．製材品あるいは合板の需要量は，したがって（E_{2012} を無視すると），$B_{2012} = S_{2013} - S_{2012}$ ですから

$$D_{2012} = \alpha\,(S_{2013} - S_{2012})$$

と与えられます．

建物面積 S の需要は所得で決まってくると考えられますから，一番単純に考えるならば，線形の関数で考え，所得 Y として，$St = a + bYt$ となり，木材需

要量は，

$$D_{2012} = a \cdot b\,(Y_{2013} - Y_{2012})$$

と書くことができます．

建築に使われる部分の木材需要は，所得というよりは，所得の増加分で決まってくるといえます．ところが，木材需要量を縦軸に，所得差を横軸にして，パルプや薪炭材で行ったのと同様の分析をしてもうまくあてはまりません．あまりに単純化されすぎているからでしょう．所得によって建築需要が決まるという部分が，あまりに乱暴であるということでしょう．

そこで，

$$D_{2012} = a \cdot b\,(Y_{2013} - Y_{2012}) = a \cdot b \cdot \Delta Y/Y \cdot Y$$

のように式を変形すると，これは所得の増加率と所得水準に分解できます．所得水準自体についていうと，高度成長期はもちろん増大してきたのです．高く安定していた率にこの増大をかけてやると，需要も増大となります．これに対して中位・低成長期は増減を繰り返して低い率であったものに低成長を示した水準をかけてやると，増減がおおいに目立ってくるといえます．そういうことで，製材品と合板についてのパターンは，高度成長期では増大していて，低成長期に入ってからは増減をしているのは，基本的にはこの話で理解することができるとみていいと私は判断しています．

実際には中位成長期で傾向的な増減はみられず，低成長期では傾向的な減少がみられていますので，そこまでの説明にはなっていないともいえ，たとえば人口増加率が中位成長期以降減少してきたこと等も，製材品と合板の需要の動向の説明要因として取り入れなければならないことを示唆しているのかもしれません（表 5.2）．

表 5.2 製材品と合板需要量の増減パターンの推移．

	高度成長期	中位成長期	低成長期
所得水準　Y	増大	中	低迷
成長率　$\Delta Y/Y$	高い	増減	低い 増減
需要　D	増大	増減	増減

5-6　低成長期における構造変化

　実はこの低成長期というのは，紙・板紙のときも，薪炭材のときも全然説明できていません．この失われた20年間の木材需要の動向について，私の説明力はほとんどなくなっています．私の知っている経済学の知識ではうまく説明ができていません．どうも経済学で普通に説明したのではうまくいかないことが，木材需要の世界で起きているというのがこの20年のことなのです．

　薪炭材についても，所得が0.9%であっても増大しているので，劣等財だったら減少しているはずなのに増加に転じているわけです．前述したように，アウトドアライフで薪を使うだとか，暖炉に薪をくべるだとか，むしろ奢侈的な，贅沢品的な使われ方，あるいは備長炭のような，高級焼鳥屋に行かなければお目にかかれないような，そういった炭の使われ方がなされるようになっています．紙についても，0.9%とはいえ所得が増大しているのだから，弾性値が0.7であったとしても，0.9×0.7だったら0.6くらいで増大しているべきだという話をずっとしてきたのに，実際には紙の需要は現在減っています．これは日本だけではなくて世界的にそうなっています．したがってここでは，文化の変容まで入れないと説明ができないという事態になってきたということなのかもしれません．

第6講　日本の木材供給

6-1　戦後の推移——外材による需要吸収

　第6講は，戦後日本の木材供給の話です．

　国産材は薪炭材と用材に分けます．用材は英語でいうと industrial wood ですので，産業用材という意味で用材という言葉が使われています．用材でないものに薪炭材があります．薪炭材もここのところ輸入がずいぶん増えてきていて，おそらく農地改良であるとか，水質改良であるとか産業用に使われているのかもしれません．つまり薪炭材も産業用材になりつつあることからすると，はたしてこの用語でいいのかな？　という気はします．そのほかに，日本国内の木材需要のなかでは，しいたけ等のキノコ用のほだ木があります．これも産業用材とはいいませんので，国産用材，薪炭材，ほだ木と書かないといけません．

　図6.1をみてください．今までの需要の話をしていたときは，1973年まで，それから1990年ないしは1991年まで，さらにそれ以降と3期に分けて議論してきましたが，国産材供給の変化を議論する場合には，この区分はあまり意味をなさないようです．国産材は高度成長期も中位成長期も低成長期も一貫して減少してきていると，戦後全部を通していうことができるでしょう．ただ，細かいことをいうと，2002年を底にして国産材の供給量が上向いています．

　それから外材です．外材は丸太輸入と製品輸入に分けられます．両方を足すために丸太換算をしていますが，その推移をみると，1973年まで外材の輸入は一貫して増大しています．需要の増加以上のスピードで増えてきています．それから1973年から1991年までの中位成長期には需要が増減しているのに対応して外材の供給が増減しています．1991年以降の低成長期にも需要の増減に対応しているのは外材ですし，傾向的な減少に対応しているのも外材です．

　これに対して国産材のほうは，多少は増減がないわけではないですけれども，あまり感じられません．つまり中位成長期の需要の増減も，基本的に外材が吸

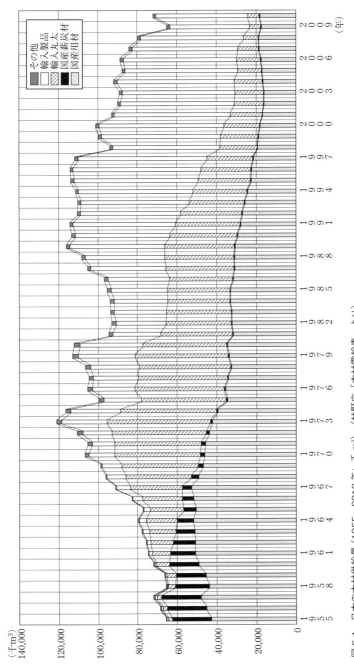

図 6.1 日本の木材供給量 (1955〜2010年：千 m³). (林野庁「木材需給表」より)

収してきたといえます．さらに1991年以降の低成長期の需要の増減と需要の傾向的な減少というのに対しても国産材は対応していないといえます．

　外材丸太と外材製品，この関係はどうなっているでしょうか．丸太以外を製品といっているわけですから，このなかには合板も入っているし，製材品も入っているし，チップも入っています．木材チップは，木材を，数センチメートル四方，厚さは5 mmくらいの破片にしたものです．木材チップはパルプにされるものが多いですが，それ以外に木材ボード類，具体的にはパーティクルボードやファイバーボード（繊維板）にも使われます．ファイバーボードの現在の主流は，MDF（Medium Density Fiberboard），中密度繊維板です．それから最近は燃料用，バイオマスエネルギーに使われることもあります．日本での外材製品輸入は，製材品，合板，木材チップが多いのですが，合板以外のボード類自体が輸入されたり，それからパルプが輸入されたり，紙・板紙で輸入されたりする場合もこのなかに入ります．

　木材需要の変化が起きているにもかかわらず，それが国産材ではあまり吸収されずに，外材によってほとんど吸収されてきたのが，木材供給の動きのなかで一番基本的なことです．それから細かくいうと，外材の輸入のかたちが丸太の輸入からだんだん製品輸入に変わってきているのが2つめの大きな変化です．また，3つめの大きな変化は，国産材の供給が2002年を底にして増大に転じてきていることです．これらが木材供給の戦後の変化のなかで著しい点といえます．

　これに対する説明をどうするかが私たちに課せられている課題です．

6-2　国産材と外材の供給曲線

　需要・供給の議論をする場合に，経済学者はいつも価格を縦軸にとって，需給量を横軸にとります．これはみなさんが中学校で習ったグラフの描き方とちょっと違う扱いです．中学校で習ったときにグラフはx軸を横にとり，y軸を縦に描いたと思います．そして，xを決めるとそれによってyが決まってくるというように，xを独立変数，それによって決まってくるyのことを従属変数としたはずです．独立変数を横軸にして，縦軸に従属変数を描くのが中学や高校での数学での扱いでした．これに対して，供給量，需要量は，価格を与え

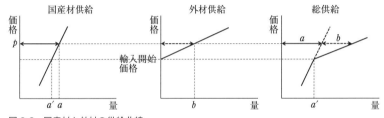
図 6.2　国産材と外材の供給曲線．

るとそれによってどれだけの需要が出てくるのか，どれだけ供給されるのかとなる関係をもっています．したがって，価格を与えると量が出てくるので，価格が独立変数で，需給量が従属変数になっているわけです．中学校でやった独立変数と従属変数の描き方とは，縦軸と横軸が逆になっているのです．

　もう 1 つ，用語上の説明をしておくと，経済学では，需要量は価格によって説明されることから，価格をここでは説明変数，需要量を被説明変数ともいいます．説明変数は独立変数，被説明変数が従属変数となります．

　通常，価格が上がると供給は増えますので，供給曲線は図 6.2 の左のパネルのように右上がりの曲線で (ここでは直線で描いてありますが) 描くことができます．それで，国内供給も標準的な供給曲線として描くことができます．

　それから図 6.2 の真ん中に描いたパネルが，外材供給曲線 (またまた直線で描いてありますが) です．外材の場合は，国内での同等品の価格が十分に低いと輸入が起きないということがあります．つまり価格が低すぎると輸入が発生しないわけです．ある程度の価格になると輸入が始まると考えられます．そこでその価格を「輸入開始価格」とよびます．

　たとえば，1955 年前後では外材はほとんど輸入されていません．戦後まもなくであって，日本の経済がまだ回復していないなか，輸入しようと思っても，外貨の準備がないので輸入することができなかったからですが，国内の木材価格が低すぎて輸入できなかったのです．どうやって貴重な外貨を使うかをめぐって輸入の割り当てをしていました．非常に重要であって伸ばしたい産業に用いる財は輸入をしたわけです．たとえば第 5 講でもお話ししたように，合板は三角貿易をやるということで，戦後すぐにはフィリピンから南洋材であるラワンの丸太を輸入し，それを国内で加工して，アメリカやヨーロッパに輸出するのに使ったわけです．

1955年前後は輸入開始価格よりも木材価格が低かっただろうと考えられます．ある程度たって輸入開始価格になると輸入が始まります．そして輸入開始価格より十分高い価格 p になると，国内の供給が a だけあって，外材供給が b だけある，という具合になります．それを合計すると，価格 p における総供給量 $a+b$ が出せるということになります．

輸入開始価格のころだと国産材の供給が a' だけあって，まだ外材は供給されていないですから，総供給量は a' になります．同じように輸入開始価格以下であると，国産材の供給しかないわけですから，a' よりも総供給量が少なくなるわけです．

図6.2の右のパネルが一般的な，国産材と外材とが両方ある，輸入が行われる普通の市場における供給曲線のあり方です．

6-3 小国の仮定――ブランドン説

イギリス人の経済学者にピーター・ブランドン (Peter Blandon) がいます．彼は経済学，とくに貿易を勉強したので，経済学の貿易論のなかでよく使われる「小国の仮定」に着目して，この「小国の仮定」を使えば，この外材によって吸収される変化のパターンを説明できると考えました．

小国の仮定とは，「小国」なのでその国がどれだけ需要しても，国際的な価格に変化をもたらすことがない，つまり同じ国際価格で（量として）いくらでも輸入できるという仮定です．その国が少ない需要を提示してもその国際価格で買えるし，いっぱい買おうとしてもその価格で輸入できるということです．

ブランドン説では，国内供給は普通の供給曲線のパターンで，外材が特殊なかたちをしているのだと理解できます．図6.3の左のパネルの国内供給曲線は図6.2と同じかたちのままで，真ん中の外材供給がこれまでの一般のかたちと違うというわけです．

外材は輸入開始価格の価格で，少ない量も供給・輸入できるとともに，多い量も供給できるということですから，外材の供給パターンが図6.3の真ん中のパネルになるのです．両方合わせるとどういう世界になるでしょうか．一般の場合で考えたように，国産材供給曲線と外材供給曲線から総供給曲線を描くと，右のパネルのようになります．輸入開始価格よりも低いところは国産材の供給

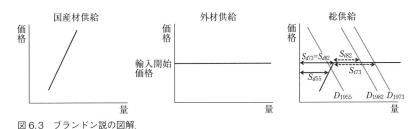

図6.3 ブランドン説の図解.

がされるだけで,それ以上(といっても輸入開始価格より高くはならないのですが)になると外材がいくらでも入ってくることになります.

これでパターンが説明できるのでしょうか.需要曲線を描きこんで,戦後の供給パターンが再現できるか,試みてみましょう.

まず1955年くらい,輸入開始価格より低いときの需要曲線は D_{1955} であっただろうと考えられます.需要曲線というのは価格が上がると需要される量が減るはずですから,右下がりの曲線(ここでも直線で描かれていますが)になっています.それが,木材需要がピークになる1973年には D_{1973} のように右にシフトしていたでしょう.外材の供給量は S_{i73} で国産材の供給量は S_{d73} です.実際には1969年にちょうど自給率50%くらいになっていますので,1973年だと外材供給量のほうが少し多い分量というレベルになっています.

それで,需要が減少するのが,1982年くらいからでしょうか.需要が減少した1982年の需要曲線は D_{1982} のように描くことができます.需要曲線が左にシフトすると,外材の供給量が S_{i82} となりますが,国産材の供給量は変わりません.国産材の供給は変わらずに外材の供給量が減少するというかたちで,1982年の需給が説明できます.

このように「小国の仮定」が満たされると考えるのであれば,国産材の供給は需要と関係なくなります.もちろん輸入開始価格よりも低くなるほど供給が減少すれば,国産材供給は需要と関係してくるわけですが,輸入開始価格より高いとき(といっても輸入開始価格を超えることはないのですが)には,国産材供給は需要と関係しないというかたちになるわけです.

どうしてこういうことが起きうるのかというと,国内の需要を満たしうる国外の供給源が豊かにあるということになります.しかし,今一番木材輸入量が大きいのは中国,その次はアメリカ合州国で,日本は3番目につけています.

木材輸入大国の日本を説明するのに「小国の仮定」はいかがなものでしょうか．

6-4　国産材供給の非弾力性——行武説

　これに対してもう1つ，ある意味で逆のかたちで述べたのが，元宮崎大学の行武潔先生です．行武先生は，外材供給は普通で，国産材供給のほうに特徴があるといっています．行武先生は，実はこれからお話しする水準までの極論はいわれていないので，先生のいわれていることをさらに進めたものだという意味で，ハイパー行武説とよぶほうがいいかもしれません．

　ハイパー行武説では，外材供給は一般の輸入材の供給曲線のままとします．つまり輸入開始価格がある点は供給曲線として特徴をもつが，それ以外は普通の右上がりの供給曲線と考えます．図6.2と図6.4の真ん中のパネルは同じということになります．これに対して，国産材の供給曲線として特殊なものを想定します．それは供給の価格弾力性がゼロというものです．

　ちょっと脱線して，供給の価格弾力性についてお話ししましょう．第5講では需要の所得弾力性についてお話ししました．

$$\xi \equiv (\Delta D/D)/(\Delta Y/Y)$$

これは，需要量Dは所得Yによって説明される，という前提でお話ししたことになります．今回は，供給量Sは価格Pによって説明される，という前提で，価格の変化率がどれだけ供給量の変化率に影響を与えるか，を考えていることになります．

$$\eta \equiv (\Delta S/S)/(\Delta P/P)$$

小国の仮定では，外材供給量の変化は価格の変化をともなわないかたちで述べられていますので，外材供給の価格弾力性を計算しようにも分母がゼロになっ

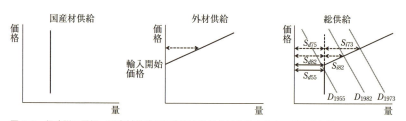

図6.4　行武説の図解．国産材供給の価格弾力性は外材より小さく，ゼロである．

ているため，計算できないことになってしまいますが，小国の仮定というのは極限をとってきているものですから，小国に近い場合は外材供給量の変化がごく小さい価格の変化をともなうということだと思われます．したがって，外材供給の価格弾力性は，ごく小さい分母に，大きな供給変化率ということですので，大きいものだと考えられます．それの極限ですから，小国の仮定は，「外材供給の価格弾力性が無限大である」となります．

　ハイパー行武説は国産材供給の価格弾力性がゼロだ，という仮説になります．価格が変わっても国産材供給は変わらない，とも表現できます．供給曲線は通例右上がりといいましたが，そうでない場合も考えられます．企業の生産物のようなものを考えていると，価格が上がれば生産も刺激され，供給量が増大するだろうと考えられますが，家計からの供給では，必ずしも右上がりにはなりません．賃金率が上昇したからといって労働時間を増やそうとは必ずしも考えません．賃金率が倍になったら，半分の労働でいいや，という考え方もありうるわけです．そこまで極端でなくても，賃金率の上昇が労働時間の短縮につながる可能性は十分に考えられます．

　国産材供給が非弾力的である（国産材供給の価格弾力性がゼロである，ないし低い値である）と考えるのは，①計画的生産，②日本型雇用，③緊迫販売（価格が減少すると生産量を増大させる），等が考えられます．日本の森林の伐採は，森林の経営計画に基づいてなされる場合がありますので，木材価格が変わったからといって，計画を優先し，供給量をそれほど変えないことは十分に考えられます．また日本型雇用を考えると，経済環境の短期的な変化に対して，解雇をするというのは考えにくいですので，やはり供給量が変化しづらいと考えられます．最後に緊迫販売ですが，価格の減少に対して，一定以上の売り上げが必要な場合，むしろ供給量を増大させることがありえます．

　さて国産材供給が価格非弾力的であると，図6.4の左のパネルのように国産材供給曲線は垂直な直線で描かれることになります．外材供給は，繰り返しになりますが，真ん中のパネルのように一般的な輸入材の供給曲線で描かれます．そして，それらの横向きの足し算で得られる総供給曲線は右のパネルのようになります．

　さて，これで戦後の木材供給の国産材と外材の供給パターンが説明できるのでしょうか．需要曲線を描きこんで，再現できるか試みてみましょう．

まず1955年くらい，輸入開始価格より低いときの需要曲線はD_{1955}のようになっていただろうと考えられます．それが，木材需要がピークとなる1973年ではD_{1973}のように描きこめるでしょう．外材供給量のほうが少し多い分量というレベルになっています．

それで，需要が減少します．D_{1982}と描きこんだのが1982年の需要曲線です．需要曲線が下にシフトして，需要が少なくなってくると外材の供給量がS_{i82}まで減少しますが，国産材の供給量は変わりません．したがって，国産材の供給は変わらずに外材の供給量が減少するというかたちで，1982年の需要が説明できます．

6-5　長期変化に対する理解

さて，ブランドン説にせよ，ハイパー行武説にせよ，戦後の国産材と外材の供給パターンをまずまず説明することができたと思います．つまり需要の増大があると，外材供給がそれを満たし，国産材供給は変化しない，またさらに需要の減少があると，外材の供給が減少し，国産材供給はやはり変化しない，というパターンです．ブランドンは実際，小国の仮定で説明を試みていますが，行武先生は，実はここで示したハイパー行武説までは述べられていなくて，国産材供給の価格弾力性が低く，外材供給の価格弾力性が高いことを指摘されているのです．ここでは入門的な講義ですから極論でお話ししましたが，現実はもちろん，本日お話しした2つの極論のあいだにあるというのが正解でしょう．

国産材の価格弾力性が低いことの説明はしておきましたが，外材供給の価格弾力性が高いことの説明はあまりしてこなかったように思います．その点を補足しておくなら，外材は日本以外の多くの国・地域から供給されていますから，懐が深く，価格の上昇に敏感に反応して供給が増大することは十分に考えられることを指摘しておけばいいでしょう．

さて，長期的な供給変化を議論するために必要な補足が2点ほどあります．
まず1点は国産材の傾向的減少を，小国の仮定もハイパー行武説も説明していない点です．それを説明しようとすると，もう少し供給曲線について議論をする必要があります．これまで生産物価格にのみ着目して議論してきました．つまり木材価格です．しかし，木材の供給量を決めるのは生産物価格である木

材価格だけではありません．生産要素価格，とくに労賃や地代，さらに森林の成熟を考慮することが必要です．労賃が上昇すると供給曲線が左にシフトして，供給量が減少していきます．これが基本的に国産材の供給量を長期にわたって減少させてきた原因だと考えられます．また森林の成熟は供給曲線の右シフトをもたらします．これが近年の国産材の供給量を増大させている理由だと考えられます．

2点目は為替レートです．外材の供給は，外貨で行われてきますので，為替レートで円に換算されて，円建ての供給曲線になります．米材は外材のなかで常に重要な位置を占めてきましたので，ドル/円の為替レートは外材供給において重要なはずですが，今までの議論では扱ってきていませんでした．戦後長いあいだ（1949年から1971年まで），1ドルは360円で固定相場とされていたものが，変動相場制になり（1973年以降），今日（2015年初頭）では1ドルは120円となっており，3分の1になっています．当然，大きな影響を与えているはずです．

小国の仮定のもとでは，輸入開始価格で外材はいくらでも供給される（横に水平な供給曲線）わけですが，3分の1に為替レートが変われば，その供給曲線が3分の1のところに下がってくることになります．その分（価格が下がった分），国産材供給も供給が減少することになります．ハイパー行武説では，外材の供給曲線が3分の1の位置に下がることになりますので，総供給曲線がその分，下にシフトして，需要曲線と新しい交点を得ることになります．国産材にとっては，価格は下がりますが，供給の価格弾力性がゼロですから，国産材供給の量は変化しないことになります．実際には為替の変化により，外材の現地建ての価格が上昇することもあり，これほど単純な話にはなりませんが，原理的にはこうした話になります．

第7講　市場経済システムと効率性

7-1　生産者と消費者からなる経済システム

　市場は需要量と供給量が一致するような価格（均衡価格）に，最終的に到達します．これが第6講でお話しした，いわゆる市場均衡ですが，第7講では需要者（典型的には消費者），それから供給者（典型的には生産者）の行動についてできるだけ単純なものを想定して，市場が均衡することの意味について，集中的にお話ししてみようと思います．林政学の講義ですので，木材生産を例にあげて考えてみます．話を単純化するために，消費者は，家1軒分の木材を購入するか，あるいは購入しないかのどちらかを選択する個人を想定します．生産者についても，家1軒分の木材を生産するか，あるいは生産しないかのどちらかを選択するとします．

　市場均衡を考えるためには，ある程度の人数の生産者と消費者が存在している必要があります．そこで，10人からなる社会を仮定して（表7.1），それぞれの人が生産を行うか，あるいは消費を行うかを考えているとします．

　まず生産者についてお話ししましょう．近くに森林をもっていれば生産をするのに費用があまりかかりませんが，遠い場所の森林だと運搬などの費用がよけいにかかります．いわゆる地の利のことですが，林学の世界では，地利級という言い方で表します．地利級が違うので生産費用が異なると考えているのです．一番近くに森林をもっている人は，1軒分の木材生産を行うのに，100万円で木材を生産できるとしましょう．もっている森林が遠くなっていくにつれてだんだん費用があがっていくと考えます．全部で10人ですから，100万円から190万円という生産費用のかかる森林をそれぞれの人がもっているとしましょう．そして木材価格がいくらかをみて，木材生産を行うかどうかを判断します．

　消費者行動に関しては，家1軒分の木材を購入しようかやめようかという判

表 7.1 社会システム別にみた木材生産活動に関する需給分析.

(単位：100万円)

	個人番号	1	2	3	4	5	6	7	8	9	10	合計金額ないし合計量
	木材に関する留保価格	110	120	130	140	150	160	170	180	190	200	
	持山の木材生産費用	100	110	120	130	140	150	160	170	180	190	
取引が禁止されている場合	生産を行う者	○	○	○	○	○	○	○	○	○	○	10人
	消費を行う者	○	○	○	○	○	○	○	○	○	○	10人
	最終的な利得	10	10	10	10	10	10	10	10	10	10	100
良心的独裁者の決定	生産を行う者	○	○	○	○			○	○	○		6人
	生産にともなう費用(損得)	−100	−110	−120	−130	−140	−150					−750
	消費にともなう費用(損得)					150	160	170	180	190	200	1050
	補填	130	140	150	160	20	20	−140	−150	−160	−170	0
	補填後の最終的な利得	30	30	30	30	30	30	30	30	30	30	300
市場経済1: 175万円の価格設定	生産を行う者	○	○	○	○	○	○	○	○			8人
	生産にともなう費用(損得)	75	65	55	45	35	25	15	5			320
	消費を行う者								○	○	○	3人
	消費にともなう費用(損得)								5	15	25	45
	最終的な利得	75	65	55	45	35	25	15	5	15	25	365
市場経済2: 145万円の価格設定	生産を行う者	○	○	○	○	○						5人
	生産にともなう費用(損得)	45	35	25	15	5						125
	消費を行う者					○	○	○	○	○	○	6人
	消費にともなう費用(損得)					5	15	25	35	45	55	175
	最終的な利得	45	35	25	15	10	15	25	35	45	55	305
市場経済3: 150万円の価格設定	生産を行う者	○	○	○	○	○						6人
	生産にともなう費用(損得)	50	40	30	20	10	0					150
	消費を行う者					○	○	○	○	○	○	6人
	消費にともなう費用(損得)					0	10	20	30	40	50	150
	最終的な利得	50	40	30	20	10	10	20	30	40	50	300

断をしますが，木材に対する評価の仕方がそれぞれの人によって違うとしましょう．ここではどれくらい家が欲しいと思っているのかを留保価格というかたちで表現します．指値という言い方もしますが，いくらまでなら払ってもいいかということを，留保価格といいます．留保価格も人によって違うということで，留保価格を110万円，120万円，130万円と，これもまた10万円刻みにして，110万円から200万円までの評価をこの10人の人々がしている状況を考えます．

木材に関する生産条件，消費者行動における留保価格を上記のように仮定し（表7.1），さらに，社会構成員（今回の場合は10人）は同等であって，同等に取り扱われるべきであると考えた場合に，どういう生産を行うのが社会にとって好ましいのか，ということを考えます．

どういう社会の体制にするのが好ましいのかという議論をする学問分野として，あまり最近ははやりませんが，社会体制論という言い方をします．

7–2　封建的な経済システムにおける取引

再び表7.1をみてください．まず個人番号として1～10番の人が書かれています．木材に関する留保価格が110万～200万円．それから持山の木材生産費用が，地利級が違うので100万～190万円になっています．

そして，自由な売買をお互いにしてはいけないという社会を考えてみます．たとえば，封建時代において，ものを勝手に売り買いすることは許されず，人々の移動も制限されていた状況を考えていると思ってもらえばいいと思います．そうすると，個人番号1番の人は，木材を購入するのに110万円まで払ってもいいと思っているけれど，自分の所有する森林から100万円で生産することができます．取引が禁止されていて，売り買いができないという場合ですので，1番の人は，自分で生産を行って，自らそれを消費することになります．この場合，110万円まで払ってもいいと思うのに，100万円で生産ができたわけですから，10万円分だけ利得を得ていると考えることができます．

以下，個人番号2番の人から10番の人まで全員が，留保価格がそれぞれの生産価格を10万円ずつ超えているので，生産を行って自分で消費を行うということを，全員がやるはずです．そうすると，利得はそれぞれの人が10万円

ずつ生産し消費を行うことによって利得を得ているということができます．

ですから，利得の合計は10万円ずつ10人ですから，生産と消費を行うことによって100万円分だけ社会全体としては利得を得るということになります．

7–3 良心的な独裁者が決めるシステムにおける取引

次に，社会全体をみまわして生産をどう行うかを，独裁的に決定することができる良心的な独裁者がいる状況を想定してみます．社会主義の計画経済的なシステムを考えているわけです．その場合，どこで生産を行うのが一番合理的かというと，もちろん一番安く生産できるところで生産をさせることになります．ですから，一番生産費用の安い1番の人に生産を行えと命令することになります．そして，一番欲しいといっている人に木材を使わせるというのが，良心的独裁者の決定の仕方としてふさわしいといえます．一番高く評価しているのはだれかというと，10番の人なので10番の人が消費を行うということになります．200万円まで払ってもいいといっている人がいるわけですね．良心的独裁者ですから，200万円出してもいいといっている人に，200万円出せと命令します．一方，生産を行った人は100万円の経費がかかっていますから，良心的独裁者はかわいそうに思い100万円を補填してあげます．社会全体としてみた場合，200万円出してもらって，100万円使ったわけですから，100万円残っています．この残った100万円を，良心的独裁者は，みんな平等であるべきと考えますから，みんなに分配しようとします．すると，それぞれの人が10万円ずつ得をするということで，1軒の生産だけで，取引が禁止されている封建的な経済での最終的な利得を実現することができます．まだ留保価格と生産価格のあいだには，だいぶ大きな開きがあるので，2軒目も生産を行います．次に安く生産できる2番の人の持山から生産を行うと110万円の費用がかかる．だれに消費を行わせるかというと，その次に渇望している人，つまり9番の人に消費を行わせるということをやります．190万円で評価をしているので，190万円出せと命令すれば，この人は190万円まで出すわけです．生産にかかった費用は110万円ですから，それを補填しても，80万円の差額が残るわけです．この80万円もみんなに配ることができるはずです．

2軒分の生産も余裕をもってできたわけですが，さらに何軒分まで生産した

らいいのか考えてみましょう．5軒分の生産を考えると，生産費用の低いほうから，つまり1〜5番の人に生産を行わせて，消費のほうは，高く評価をしている人，つまり留保価格の高いほうからですので，6〜10番まで行わせるという状況になります．5軒目の場合，生産を行う者は生産を行って140万円使ってしまうわけですね．それで消費を行う者は160万円までであれば出してもいいといっているわけですから，ここではまだ利得が発生しています．総額を計算してみると，生産費用総額は100万＋110万＋120万＋130万＋140万＝600万円，留保価格総額は200万＋190万＋180万＋170万＋160万＝900万円で，差額を計算すると社会全体の利得は300万円ですので，各人に30万円ずつ配ることができます．

6軒目の場合には，6番の人の生産費用がその次に安いわけですから，この人にも生産を行えと命令を出します．この場合の生産費用は150万円です．その6軒目の木材をだれに購入させるかというと，その次に評価の高い人（5番の人）になります．5番の人の留保価格は150万円ですから，150万円出させて，6番の人の費用の補塡をします．6軒目の場合，社会全体としての利得はプラスマイナスゼロですから，やってもやらなくても同じということになります．ちなみに，生産費用総額は750万円，留保価格の合計は1050万円で，差額の利得総額は300万円，これを各人に配ることになります．

7-4　市場経済メカニズム（完全競争市場）における取引

市場経済の場合には，価格に基づいて各人が行動します．まず，価格が175万円の場合を考えます（表7.1では「市場経済1」として掲げてあります）．175万円であれば，1番の人は生産するかというと，生産費用が100万円ですから，木材を生産して，75万円のもうけ（利潤）を得ることができます．2番の人も同様に生産を行うことで，利潤を得ることができます．同様に考えていって，8番の人も生産費用は170万円ですから，5万円の利潤をあげることができます．価格が175万円だった場合には，1番から8番の人まで生産を行うはずです．

留保価格が200万円といっている10番の人は，175万円の市場価格は留保価格以下ですから，もちろん木材を購入（消費）します．200万円まで払ってもいいと思っていたのに，175万円ですんでいるわけですから，25万円分もうけ

たと実感するわけです．8番の人は180万円と評価をしているので，175万円だったら5万円分だけ出すのに余裕をもっているということです．一方，7番の人は170万円まで払ってもいいと思っていたのに，175万円だったから買わないという行動をするはずです．

175万円という価格がついた場合，8軒分の生産が行われている一方で，消費は3軒分しか行われません．売りたい量が，買いたい量よりも多いという状況ですから，超過供給ということになります．この場合だと商品が売り切れないので，価格を下げようという力が働きます．175万円という価格は，市場均衡の価格ではなかったといえます．実現できない状況なので表をうめても仕方ないのですが，その価格で(外部へ移出)売買ができたとしての損得を記入しておきました．

次に価格が145万円の場合を考えてみると(表7.1の「市場経済2」)，5番目の人まで生産を行います．一方，消費については，145万円だったら消費を行ってもいいというのは，5番の人以降ということになります．生産が5軒分，消費が6軒分ですから，これも均衡価格ではなく，超過需要の状態が生じています．超過需要とは，すなわちもっと欲しいといっているわけですから，もっと高くてもいいというはずで，価格もあがっていきます．

175万円では高すぎて超過供給が発生し，145万円では安すぎて超過需要が発生し，それぞれ価格を変えようという動きが生じます．そうした動きの発生しない均衡には，どこでいたるかというと150万円です(表7.1の「市場経済3」)．150万円の場合の利得は，1番から5番目の人まで生産者として，利潤を50万円，40万円，30万円，20万円，10万円というように得るわけです．それから，消費者として，10番の人は200万円まで払ってもいいと思っていたのが，150万円ですんだわけですから，50万円分もうかったという利得を得ます．9番の人は40万円，8番は30万円というように利得を得るわけです．市場経済であれば，この150万円で落ち着くことになります．これが市場均衡なのです．

7-5 異なる経済システムで得られた結果をどう評価するか

市場経済システムと，良心的独裁者がいる社会での最終的な帰結を比較して

みます．たしかに，良心的独裁者というのは，みんなに平等に分配をするために補塡をしてくれます．これに対して，市場経済システムのもとで行われる最終的な帰結というのは，たまたまいい山をもっていた人は利潤が多くなるし，それからたまたま評価が高い人は留保価格と実際の支出の差が大きくなります．しかしながら，社会全体の利得の総額，利潤としての利得と，消費者としての利得（留保価格と実際の支出の差）の総額は300万円で，良心的独裁者のもとでの帰結の総額は同じになります．

この消費者としての利得は，良心的独裁者のもとでは，留保価格が独裁者にバレているので，その額を支払わされ，いわば絞り出されていますが，市場経済のもとでは無理に表明する必要もないので，表にはなかなか出てこず，市場価格で買い求めることによって，ひそかに得ている利得といえるでしょう．これを消費者余剰とよびます．同じように，市場価格で販売することで生産者が得ている利得，これは利潤となりますが，これを生産者余剰ともよびます．

さて，現実の計画経済といわれる社会は，この良心的な独裁と同じ状況だといえるのでしょうか．かつては，計画経済がより平等性が強く，好ましいと考える人も多くいました．しかし現実の計画経済では，なかなかこういうことになりませんでした．その理由として，独裁者が良心的でありうるかという問題があります．現実には，計画経済を率いていた人たちが，必ずしも良心的に行動しなかったということが，残念ながら過去の歴史では明らかになっています．それから，もう1つの大きい問題は，情報入手の問題です．だれが生産をするのにどれだけ費用がかかるのかということを，良心的独裁者が知っていないと，生産を決定することができません．同様に，だれが一番その財を欲しているのかということを，どうやって調べるのでしょうか．留保価格をみんな本当に正しく表明してくれるでしょうか．高い留保価格を申告すれば，それだけお金を出さなければならないわけですから，過小申告の誘因が働きます．

一方，市場経済の場合には，こうした情報を集める必要がありません．それぞれの人が自分で価格をみて，その価格より自分の生産が安くできるのであれば生産するし，高ければ生産しないという判断を，それぞれの人がするわけです．また留保価格が市場価格より高い人は購入するでしょうし，留保価格の低い人は買わないというだけです．

さらに，市場均衡や市場経済を擁護しようとすれば，市場経済においても，

所得の再配分というのは，完璧には行えないでしょうけれども，実際には行われているわけです．累進課税制度や社会福祉の制度があります．したがって，市場経済制度では，平等性が損なわれるといっても，その後の補塡というものもある程度はできるわけです．

社会体制論の視点からいうならば，自由に売買を行ってはいけないというような，封建的な社会体制よりは計画経済，あるいは市場経済のほうが好ましいだろうということは，まずいえるでしょう．市場経済と計画経済で比較すると，理想的なものであれば計画経済は好ましいわけですが，現実の問題としては，情報を収集することの可能性とか，実際に良心的に行動が行われるかどうかということを考えると，計画経済は必ずしもすぐれた体制であるとはいいがたい，といえます．

もう1ついうと，経済社会が技術的に進歩するほど，情報の入手はむずかしくなってきます．高度な技術を必要とする社会になればなるほど，この計画経済の優位性は下がっていくということができると思います．

市場均衡・市場経済であれば，それぞれの人が自分の生産技術，あるいは自分の消費にかかわる情報を自分だけでもっていて，それで判断していけばいいというふうに，情報を分権化することができるということがいえます．こうした情報入手の問題と，良心性の問題，その双方によって，計画経済と市場経済の優位性が変わってきたということができるのだろうと思います．

あと，もう1つ面白い点というのが，計画経済と市場経済のどちらの場合であっても，両方とも5軒ないし6軒分の生産を行うということで，ほぼ同じ生産のパターンをやっているということです．どちらの場合も，ある意味で効率的な生産を行っているのです．

7–6　パレート改善・パレート効率性

ここで，効率性という考えを深めてみます．効率的な生産とは無駄のない生産といえるかと思います．無駄のない生産とは，投入を増大しない限りは，もはや産出をこれ以上増大することができない状態を指します．あるいは，産出を減少させないという条件のもとではこれ以上投入を減少することもできない，という状態が該当します．

通常，生産に関して効率ということを考えるのですが，生産が終わって，それをだれに配るのか，分配という局面でも，無駄が生じえます．だれもが同じだけ分配されるようにと，たとえば，戦時中や戦後の配給というものを考えてみると，いらないという人にも配られるというような無駄が考えられます．

かつて東京大学農学部では，K先生という方が学部長をされていました．このK先生は，タバコは非常に好きでしたが，お酒は飲まないという方でした．私（永田）は，K先生と嗜好が逆で，タバコは吸いませんが，お酒は好きなのです．これで非常にうまい例をあげることができます．お酒もタバコも平等性を重んじて，まず，それぞれタバコを1箱ずつ，酒を1杯ずつ配るということをします．これは平等ですが無駄な分配です．私はタバコを吸わないのに，またK先生は酒を飲まないのに，配られるので無駄な分配となります．そこで，私はK先生と相談して，「私のタバコをさしあげるからそちらのお酒をください」といって交換すると無駄がなくなります．

これをどう表現したらいいのかというと，まず満足の程度というものを考えます．それぞれの消費のパターンによって私がどれくらい満足するのか，K先生がどれくらい満足するのかという，満足の程度が変わると考えます．K先生と私とのあいだで交換したあとは，2人の満足の程度はより向上するわけです．この満足の程度を，経済学では効用という言い方をします．この用語を使えば，この交換によって，私もK先生も効用があがったことになります．

K先生の次の学部長は，H先生でした．H先生は酒もタバコもたしなまれる方だったのです．まず配給の時点で，タバコとお酒を同量ずつ配ります．そのあと，H先生は学部長の権限を使って「おい，永田．おまえのタバコをよこせ」といって，自分だけもらうというパターンも考えられます．これによってH先生の満足の程度，効用は上昇します．タバコもお酒も両方たしなまれるのですから，タバコが増えてH先生は喜ぶ．私はどうかというと，タバコは別にいらないので，私の満足の程度は変わりません．

好ましい社会の状況を判断するうえで，だれかの効用を下げずにだれかの効用を改善するというのは，好ましいことだと考えることができます．今の場合，H先生が私のタバコをもっていくというかたちで，私の効用を下げずにH先生の効用が改善されたということですから，社会としてはより好ましい状態になったと考えることができるというわけです．

こういう考え方を提唱した人が，イタリア人の経済学者・社会学者であるV. パレート（Vilfredo Federico Damaso Pareto）という人なので，これを「パレート改善」といいます．

今は分配の話だけをしているわけですが，効率的な生産を行えば，投入を増大させずに産出を増やすことができます．生産量を増やしたものをみなに与えて効用を改善することができるはずです．ですから，効率的な生産を行うということによってもパレート改善できるでしょう．したがって，分配のみならず生産も含めて，パレート改善を進めていくことができます．

最終的にパレート改善がこれ以上できないというところまでいった状態のことを「パレート効率」とか，「パレート最適」という言い方をします．

このパレート改善，あるいはパレート効率（パレート最適）という概念は，社会の状態を評価するうえで非常に有効な考え方といえます．実は，「完全競争市場均衡はパレート最適をもたらす」ということが，厚生経済学の基本定理といわれるものです．市場均衡というのは，需要曲線，供給曲線の交点によって需給均衡がもたらされる均衡価格が実現されている状態のことで，市場均衡であればパレート最適がもたらされるということです．

良心的な独裁者の導く経済と，市場経済のどちらもパレート効率的な帰結をもたらしてくれました．良心的な独裁者の経済が実現可能かについては，情報収集の問題とそもそも独裁者に良心を期待できるのかという実現可能性の問題があるのですが，帰結だけを考えるなら，良心的な独裁者の導く帰結に魅力を感じざるをえません．それは市場経済もパレート最適をもたらしてくれるのですが，良心的な独裁者のもたらす帰結には平等性ないし衡平性があるのに対して，市場経済の帰結には貧富の差が残っているという違いがあるからでしょう．社会の望ましさについては次講でさらに深めてお話しするつもりですが，パレート効率の考え方だけでなく，平等性ないし衡平性というものが社会の望ましさを考えるうえでは重要だといえるのでしょう．厚生経済学の基本定理はパレート効率だけを補償するものであって，平等性ないし衡平性をもたらすものではないという点に留意が必要でしょう．

第8講　市場と社会厚生

8-1　パレート最適

　第7講では，効率的な生産の概念を拡張して，分配まで含めたパレート効率について述べました．本講では少し違う観点から，パレート効率＝パレート最適の概念についてお話しします．

　ここでは，社会厚生，社会的な望ましさを考えます．そして経済学的な状態，すなわち生産・配分の状態を考えます．分配と配分という言葉は，両方とも経済学でよく使われます．分配という言葉は，通常「所得分配」というかたちで使われ，配分は，「資源配分」というかたちで使われます．所得分配 (income distribution) は，所得がどのように分布し，どれくらい平等であるかということを考えている場合に使います．資源配分 (resource allocation) は，どのように資源が用いられているのかを考えている場合に使います．英語では明らかに違うのですが，日本語ではよく似ているので，用語としてこういう違いがあると，覚えておいてもいいのではないかと思います．これは余談です．

　社会厚生を考える場合に，与えられた資源のもとで生産をどのように行うのか，生産されたもの，あるいは生産するためのものをどのように配分するのか，ということを考えます．基本的に資源をどう用いるかの問題なので，資源配分の問題ですが，最終的にだれが利得を得るか，という問題にもつながってくるので，所得分配の問題にもかかわってくるといえます．

　私たちは市場経済体制のもとに暮らしていますので，個々の消費者が市場価格のもとで自分で判断し，また生産者も市場価格のもとで自分で判断する，という前提で考えています．社会的な望ましさを考えるときに，各個人の判断を基準にするのが前提になっているといっていいのでしょう．しかし社会的な望ましさを判定する場合には，各個人の好ましさの判断に依拠せずに，それとは独立したかたちで判断するという考え方も，まったくないわけではありません．

たとえば，第7講のタバコとかお酒とかいったもの．これを個人の判断に任せていいのかどうか．タバコだったらいいけれども，マリファナまでいったらダメだとか．薬物については，違法なものを使うのはいけないというあたりになると，各個人に好ましさを判断させきれないところもあるわけです．こうした場合，なぜか，(社会による) 父権的 (paternalistic) 判断という言い方をします．

しかし，通常は各個人が自分で生産をしてできたものをどのように使うかは，各個人に判断してもらうことが，もっとも好ましいかたちになりうるだろうと考えることができます．

個人が1〜nまでn人いるとして，各個人の消費パターンは，家を建てるとか，いろいろなものを食べるとかであり，そこから満足を得るとしましょう．この満足度を効用 (utility) ということは第7講でお話ししたところです．ここで個々人の効用が数値で評価できるとして，U_1〜U_nとおきます．このように数値化された各個人の満足の程度によって社会の望ましさというものが決まってくると考えられます．このようなかたちで社会厚生関数 $W = W(U_1, ..., U_n)$ を考えることができるわけです．

これは，各個人に好ましさをそれぞれ判断してもらって，その判断のもとで社会厚生の水準を考えるということなので，個人主義的社会厚生関数といいます．父権的な社会厚生ではないということですね．

個人主義的な社会厚生関数にもいろいろあります．たとえばジョン・ロールズ (John Rawls) という哲学者がいますが，ロールズは「その社会のなかの一番レベルの低い人がよりよい状態にならなければ，社会はよくなったということはできないだろう」と考えました．すると，ロールズ型の社会厚生関数は「それぞれの人の満足の程度のなかで一番低い人のところで測られる」と考えていると解釈できます．たしかにこれは，それぞれ各個人の効用関数に基づいて評価されているので，個人主義的社会厚生関数といえます．

そのほかによく出てくるのが，ベンサム型社会厚生関数．「最大多数の最大幸福」という言い方をしますが，「すべての人の満足の程度を足し合わせ，これを最大にするということで社会をよりよくしていくと考えることができる」というのが，ベンサム型社会厚生関数 (功利主義型：加算型) です．ベンサム型社会厚生関数であれば，ほかの人の効用を下げずにだれかの効用を上げれば，もち

ろん総和も増えるわけですから，たしかにパレート改善を行うことによって，ベンサム型社会厚生関数を増大させることができます．

いろいろと概念が飛び交っていますが，個人主義的な社会厚生関数のなかで，パレート改善により社会厚生が改善されるものをパレート型社会厚生関数ということができます．一方，父権的判断を行うようなものであれば，父権的社会厚生関数であって，個人主義的社会厚生関数ではないということができます．また，ロールズ型社会厚生関数は，個人主義的社会厚生関数だけれども，パレート型ではないといえます．

この話をまとめることが今回のテーマですが，市場均衡の話も拡張しておきます．完全市場均衡の話をするために，前講のように生産を行うか行わないかだけではなく，行うとしたらどのレベルで生産するのか，また消費するとしたら，するかしないかというだけではなく，どれだけの分量を消費するのかという話を先にします．

8-2 生産，費用，供給

表8.1をみてください．初めに，生産者についてです．前講では「それぞれの人が家1軒分の生産を行うことができる．ただし費用が違う」ということを想定しました．今回は生産者 A が森林 A_1 と森林 A_2 と森林 A_3 と3カ所に森林をもっていて，それぞれの森林は広さが違うので，生産できる量も違うし，さらに遠近にあるので，かかる費用も違う．おそらく A_3 が一番遠くにあって，生産するのに単位あたりの費用がかかるという状況と思われます．

この人はどういう生産を行うでしょうか．もちろん市場での価格が変わって，高ければ一番遠いところからも生産するでしょうけれども，価格が安ければ近くからしか生産ができないことになります．まず100万円よりも安かったとすれば，一番単位あたりの費用のかからない森林 A_1 でもペイしませんから生産は行わないでしょう．100万円を超えると，森林 A_1 から生産を行うようになります．

いつになったら森林 A_2 での生産を始めるか．120万円を超えると森林 A_2 からも生産を行うでしょうから，120万円から150万円のあいだであれば，A_1 と A_2 から生産を行うけれども A_3 からの生産は行わない．150万円を超えれば，

表 8.1 生産者の森林所有と費用の構造.

所有者	森林名	面積	生産可能量	単位あたり生産費用
A	A_1	0.1 ha	1軒分	100万円
	A_2	0.3 ha	3軒分	120万円
	A_3	0.2 ha	2軒分	150万円
B	B_1	0.2 ha	2軒分	110万円
	B_2	0.4 ha	4軒分	140万円

A_3 でも生産を行うようになります.この生産者 A の生産というのは,おそらくこういうかたちで行われるはずです.

生産者 B についても,森林を 2 カ所もっていますが,この人は 110 万円よりも単位あたり生産費用がかかる森林しかもっていないので,110 万円より安い場合は生産を行いません.110 万円を超えて 140 万円までの場合,B_1 からの生産を行う.140 万円を超えると,B_2 でも生産を行うと考えられます.

たとえば今,市場で 130 万円という価格がついていたとすると,生産者 A は 4 軒分,生産者 B は 2 軒分の生産を行い,計 6 軒分の生産が行われるはずです.すると,このときに,生産者 A と生産者 B は,どれだけのもうけを得ていることになりますか.

森林 A_1 では 1 軒分の木材が 130 万円で売れて,生産にかかる費用が 100 万円だから,30 万円分の利潤を得ているはずです.森林 A_2 からは 130 万円で 3 軒分の木材を売っている.1 軒分あたりの費用は 120 万円だから,10 万円ずつもうけが出ているはずです.それで 3 軒分の生産を行うので,A_2 からも 30 万円,合計 60 万円の利潤を得ているはずです.総売り上げが 520 万円で,総費用が 460 万円の差額としても計算できます.

同様に,生産者 B は森林 B_1 からだけ生産し,単位あたり 130 万円で売れて 110 万円の単位あたりの費用がかかっている.2 軒分だから 40 万円の利潤を得ていることになります.総売り上げが 260 万円で,総費用が 220 万円の差額としても計算できます.

ここまでの話をまとめると,まず生産者 A と生産者 B の 2 人で総生産が決まってくるとして,市場合計で考えると,各個人の個別の供給曲線というものを考えていることになります.その個別の供給曲線を横に足すと,市場合計の供給曲線が得られるというのが 1 つめのポイントです.このあたりの話は,外

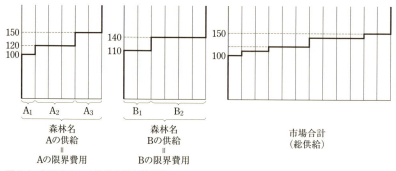

図 8.1　個別生産者の供給曲線と総供給.

材と国産材の供給で総供給曲線を求めたのと同じことになっています．

2つめのポイントは，市場価格が与えられると，どのくらい遠い土地まで生産をすることが適当であるかを考えることができます．これを，ぎりぎり使える土地という意味で，「限界地」といいます．今回の場合，130万円の場合の限界地はどこかというと，AにとってはA₂という土地が限界地だし，BにとってはB₁が限界地といえます．

もう1つのポイントは，個別の供給曲線がどういうかたちをしているかです（図8.1）．生産者Aは1軒分あたりの生産を100万円で行えるところ（A₁）と，120万円で行えるところ（A₂）と，150万円で行えるところ（A₃）をもっており，それを単位生産あたりの費用の低いほうから順に並べると，A₁, A₂, A₃と並べることができます．これは，ある価格のときの限界地における単位あたりの生産費用という意味で，「限界費用」といいます．次の生産を行うとしたら単位あたりの生産費用がどれだけかかるか，たとえば，生産者Aが3単位の生産を行うとすれば，一番安いA₁で生産を始め，それでは3単位の生産が行えないですから，A₂でも2単位の生産を行うことになります．さらに生産を行うとすれば，A₂から次の生産を行うので，その単位あたりの生産費用は120万円ですので，これが限界費用となるわけです．経済学では一般的に，次の生産を行う場合の単位あたりの生産費用を限界費用というようになりました．このように生産量に合わせて単位あたりの生産費用の低いほうから生産していったときの限界地の単位あたりの生産費用を並べていった曲線を個別の限界費用曲線とよぶことができますが，同時に個別の供給曲線を与えることにもなります．

8-3 消費，効用，需要

　ここからの話ではいつも，「とりきん」という店が出てくるのですが，「とりきん」という店はどこにあるのかというと，札幌にあります．札幌の北三十四条という駅があります．札幌をご存じの方は，北のほうの飲み屋街が北二十四条にあるのをご存じだと思いますが，そこを越えて行って北三十四条まで行ってもらいます．北三十四条に行って4番出口を出てすぐのお店です．私が北大に勤めていたときに飲みに行っていた店が，この「とりきん」という店です．私が北大で仕事をしていたのは，1983年から87年までですから，今から30年前ということになりますね．それくらい前から続いている名店なので，みなさんぜひ札幌に行った際には，北三十四条まで行って，4番出口に行ってください．そうすると，お店からもにおいがしてきますので，焼鳥のにおいで「とりきん」にたどり着けます．

　「とりきん」に行って，「永田から聞いた」といえば，たぶん温かく迎えてくれるだろうと思います．ただし，日曜日は休みです．以前，私のこの話を聞いて，行ってくれた学生さんがいましたが，残念ながら日曜でやっていなかったということでしたので．

　いろいろなお酒があるのですが，講義が終わったあと，喉が渇いた，お酒が飲みたいと思って「とりきん」に行くわけです．当然のように「とりきん」でお酒を飲むのですが，私はどういう行動をとるでしょうか．

表8.2　私と吉野先生の留保価格（円/合）．

私の評価	
1杯目	1,200
2杯目	1,000
3杯目	900
4杯目	850
5杯目	500
6杯目	250
吉野先生の評価	
1杯目	1,500
2杯目	1,000
3杯目	700
4杯目	300

前講で留保価格について，1軒分の建物をどれくらいに評価するかを，あらかじめ評価しておく価格だと説明しました．今回も同じように，1杯目をどれくらいに評価するかをあらかじめ評価しておきます（表8.2）．
　たとえば，非常に飲みたいと思って行くので，1200円出していいと思っている．ところが実際には1合800円だった．そうすると私は，1200円払ってもいいと思っていたのに，800円ですむわけですから，400円分くらいもうかった気になる．2杯目になると，少し落ち着いてくるので1000円の評価．3杯目で酔ってきて，そろそろいいかなと思っている．しかし酒が好きな私は900円の評価をする．4杯目に私はどのように評価するかというと，まだ飲み足りない，850円の評価をする．5杯目になるとだいぶ酩酊してきていますから，評価は一気に下がる．飲みすぎてしまうとマイナスにもなりうると思いますが，そこまではいかずに，500円の評価ということにとどめておきましょう．これは私の場合です．
　それから，当時の同僚に吉野悦男という先生がいるのですが，彼の場合にはなかなかグルメですから，1杯目は高く評価する．しかし，実際は彼のほうが強いと思うけれども，ここは話ですから，すぐに評価が減退する，すぐ酔っ払う人ということにします．
　そうすると，同じように書くとどうなるかというと，私の場合は，1杯目が1200円，2杯目が1000円，さらに900円，850円，500円というように，留保価格を並べてやることができます．実際には800円ですから，私は4杯飲むということです．仮に「とりきん」が「今日は開店記念日だから半額にしよう」といって，400円にすると，私は5杯目まで飲んでしまうわけです．このように，留保価格を並べると，価格が与えられたときにどれだけ需要するかを読み取ることができます．
　同じように吉野先生の場合は，1500円で，次が1000円で，次が700円ですから図8.2の真ん中のパネルのようになります．このように吉野先生の留保価格を並べて描くと，価格が与えられたときの吉野先生の需要，すなわち曲線が描かれることになります．1杯800円のときは2杯，400円のときは3杯ということが読み取れます．
　ここでは私と吉野先生だけを考えているので，総需要はこの2人の需要曲線をいわば横に足すことで得られることになります（図8.2の右のパネル）．

第 8 講　市場と社会厚生　99

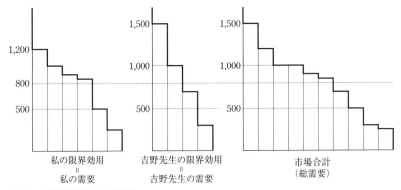

図 8.2　個別需要曲線と総需要.

　留保価格というのは，通常それを買うか買わないかという場合に使うのですが，ここでは 1 杯ごとの評価を最初の 1 杯目から順に並べました．1 杯ごとの満足の程度を貨幣評価したものということができます．満足の程度のことは効用という用語を用いました．また単位あたりの次の 1 単位についての評価でもあるので，限界費用にならって，限界効用という用語を用います．最初の 1 杯目の評価が高く，だんだんこの評価は下がっていくと考えることができますので，「限界効用 (は) 逓減 (する)」と表現します．

　さて，800 円で売っている「とりきん」の日本酒によって，私はどれくらい満足を手に入れたことになるのでしょうか．1 杯目に 1200 円払ってもいいと思ったのに，800 円ですんだということですから，私は 1 杯目で 400 円分の満足を手に入れるわけです．2 杯目では 200 円，3 杯目では 100 円，4 杯目では 50 円と，これだけの満足を手に入れたということになります．

　私が得た満足というのはどれだけかというと，市場価格，ここでは 800 円ですが，そのうえの限界効用曲線の部分の面積となります．支払った以上によけいに手に入れたものなので「消費者余剰」という表現を使います．

　消費者余剰とはなにかというと，その価格で購入できることから得る，その人の満足の程度が，支払った費用に対して，どれくらい超えているのか，ということです．消費者の得た満足のうちで，支払った部分を超えている部分を余剰というわけです．個々人の需要曲線と価格線で囲まれたところの面積と表現することもできます．

　個々人の需要曲線を横に加えることで，市場全体の総需要曲線を得ることが

できますので，総需要曲線と市場価格で囲われた面積，形式的に市場での消費者余剰とよぶことができると思いますが，これは個々人の消費者余剰に分解することができることになります．逆にいうと，市場需要曲線における消費者余剰というのは，それぞれの人の，消費者余剰の和になっているということができます．

8-4 生産者余剰と消費者余剰

さて，こうやってみてくると，前節の利潤が計算できるという話と，今の消費者余剰という話とは，非常にパラレルな点があることがおわかりになると思います．ですから，消費者余剰という言葉だけではなく，生産者の利潤を指して生産者余剰という言い方もします．

消費者余剰になぞらえて生産者余剰はなにかというと，1 つは供給曲線と価格線で囲まれたところの面積ということができます（図 8.3）．供給曲線と価格線で囲まれた面積というのは，市場で（つまり総供給曲線で）考えることもできるし，個別の生産者について考えることもできます．個別の生産者で考えると，売り上げから総費用を差し引いたものであり，利潤です．逆にいえば，市場全体としての生産者余剰というのは，個々の生産者の利潤の和になっているわけです．

限界効用，限界費用について，たぶんこういう注意を加えておいたほうがいいでしょう．それは単位あたりの生産費用を，平均という概念と勘違いをしてしまう恐れがあることです．

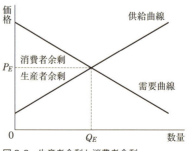

図 8.3　生産者余剰と消費者余剰．

供給曲線を出す場合に，単位あたりの生産費用といっただけだと，平均も単位あたりの生産費用ですね．次の1単位あたりの生産費用というものを出しているということです．次の1単位の生産をするのにかかる費用ということなので，極限をとると，微分で表すことができます．

完全市場均衡は，需要曲線と供給曲線の交点で得られます．このときに，生産者余剰は価格線と供給曲線で囲まれた部分，一方，消費者余剰は価格線と需要曲線に囲まれた部分になります．

生産者余剰と消費者余剰の両方を合わせたものを，総余剰といいます．消費者余剰は，それぞれ個人の満足の貨幣評価が，支払いを超えて，どれだけになっているかということです．買ったということによる満足の程度を，それぞれの人に評価してもらったものと考えます．市場における消費者余剰というのは，今いったようなものを，各個人の和をとっていることになります．市場における生産者余剰は，それぞれ個々の生産者の利潤を足し合わせたものです．

ですから，結局この量で生産をしたことによって，生産者として得る利潤に，消費者として得た満足を貨幣で評価して加えて，その総額を最大化しているということになります．

市場均衡で総余剰は最大となるということがいえるので，生産者と消費者の利得の全合計が最大になっているといえます．生産者と消費者の利得の全合計を得ているとは，ベンサム型社会的厚生関数を考えているといえるので，ベンサム型社会的厚生関数が最大になっているといえ，パレート最適になっているということになります．

以上，前講でお話しした生産を行うか行わないかではなく，生産を行うにしてもどれだけの量の生産を行うのか．消費についても行うか行わないかという前講のお話を，量を自分で選ぶ場合であっても，基本的には同じであることをお話ししました．これで，厚生経済学の基本定理の説明ができました．

本講の話は，生産が森林で行われるということでしたので，どこで行われるかという場所での話をしました．生産費用の低い場所からだんだんと生産量を増やしていくと，より生産費用の高いところで生産を行わなければならないことになります．限界効用が逓減することの対の性質といえますが，「限界費用逓増」という言い方をします．だんだん生産量を増加していくと，より効率の悪いところで生産を行わざるをえなくなってくるということです．

森林のような，あるいは農業でもそうですが，土地生産であると限界地を考えることができ，限界という言葉はわりになじみやすいです．こういった考え方は，土地にかかわらない生産であっても同じようにいうことができます．1単位あたり費用のできるだけ少ないところ（あるいは方法）から生産を進めようというのは，どの生産でも同じなので，追加的な生産費用はだんだん増大してしまい，限界費用は逓増します．ですから供給曲線は右上がりになるといえます．

　需要もまた，限界効用が逓減していくので，需要曲線が右下がりであることと，限界効用が逓減することは表裏の関係にあるということができます．

第9講　森林の多面的機能と経済評価

9-1　森林の多面的な機能

　今回は，森林の環境機能をどのように経済的に，あるいは貨幣的に評価をするかお話しします．

　森林は人間にとって有益な働きをしてくれるので，価値があるわけですが，具体的にどういう機能や価値があるのでしょうか．たぶん一番わかりやすいのは，森林から木材が生産されること（木材生産機能）でしょう．生産という側面に注目するならば，非木材生産物，すなわちキノコ・山菜なども森林から生み出されます．

　また，水量が多いときには水量を減少して洪水を予防し，低水時には水量を増大してくれるという機能もあります（水源かん養機能）．このほかに，土砂流出防備，土砂崩壊防備といったような国土保全機能をもっているということができます．

　さらに，屋久島のような森林がある場所では，観光的な価値が高い，すなわち保健休養機能がとくに大きいといえます．保健休養機能という場合には，森林があることによってまわりの環境が改善されるということも考える必要があります．

　そのほかに，希少な動植物の生息地として，あるいは生物多様性の保全の場合，さらにはそこに森林があるということ自体に，価値があると考えることもできます．

　このように森林にはさまざまな価値があるからこそ，森林を保全することは大事であり，政府としても予算を振り向ける，すなわち税金を使うことになります．そして税金を使う以上，政府は「これだけの価値が森林にはあるので，これだけお金を使っています」という説明をする必要が出てくるわけですが，その場合に，森林の機能がこれだけあって，これだけの価値をもっていると定

量的に説明できると便利なのです．そのために環境を貨幣的に評価しようと考えるわけです．

9-2　森林の機能を経済的に評価する——考え方の根幹

では，どのように評価すればいいのでしょうか．木材は，普通に市場で売買されていますから，市場においていくらで売られているかということで評価できます．非木材生産物についても，山菜とかキノコというものは売買されていますので，木材と同様に売買されている金額，すなわち市場評価を使えばいいでしょう．ただし非木材生産物については，すべてが売り買いされるわけではありませんし，採集すること自体に喜びがあったりもします．

次に，水源かん養機能とか国土保全機能ですが，これは水源かん養機能に相当するもの，あるいは国土保全機能に相当するほかのもので代替するとしたらどうなるかと考えることができます．たとえば森林を緑のダムと考えて，水源かん養機能とか国土保全機能というものをダムとして機能を代替すると，いくらかかるのかということで評価することもできるわけです．いわゆる「代替法」とよばれる手法です．

保健休養機能ということになると，そこに実際に行くという行動がともないますが，木材などのように支払いが必ずしもともなわないので，これをどう評価したらいいのか，なかなかむずかしい問題が出てきます．

さらに「そこにあること」に対する評価になると，行動も支払いもないので，これをどう評価したらいいのか．非常にむずかしいことになってきます．

9-3　旅行費用法

保健休養機能の価値を測る手法の1つとして，旅行費用法（Travel Cost Method：以下 TCM）があります．旅行費用法のポイントは，旅行という行動にあります．旅行という日本語は観光であるとか，かなり長期に行くものを指しますが，travel というのは，「そこに行く」という意味です．ですので TCM の旅行費用というのは「そこまで行く費用」という意味です．実際にものを購入する場合にも，購入にかかった代金だけでなく，お店まで足を運ぶことも，

費用として考えることができます．

　たとえば，屋久島に旅行に行くということになると，旅館に泊まる費用だけでなく実際に行くための費用もかかっているわけです．なお，木材を市場価値によって評価をする場合には，木材を買うという木材自体に対する支払いがあるわけで，そこから消費者余剰を考えていくことができます．ところが観光地としての屋久島に入る際には，お金を必ずしも払いません．例外的に，島に入るという意味の「入島税」として料金をとるということをすれば，経済的に評価をすることもできるわけです．実際には入島税制度は導入されていませんが，少なくとも旅行費用以上の価値を屋久島にみいだしているので，旅行費用を払って訪問したということになります．

　さて，ここでは問題を単純にして，20万人の都市Aと40万人の都市Bという2つの都市があって，その都市の住民が，とある森林公園を利用している．それぞれ年間に2万人ずつ訪問しているという状況を考えることにしましょう．

　この場合，20万人の都市Aから年間2万人の訪問者ということは，年間に10%が訪問をしていることになります．それに対して，都市Bのほうは，都市Aに比べて倍の人口(40万)があるのに，訪問者は年間2万人にすぎません．訪問率と考えると，都市Bのほう(5%)が，都市A(10%)と比べて，5%ポイント低いということになります．

　なぜこうした違いが起きるのかということを考えると，同じ森林公園を利用しているわけですから，ここでは旅行費用が違うと考えられます．訪問率が低いBのほうが，この森林公園から遠いところに位置して，よけいに訪問費用がかかっていると想定できます．そのように考えて，都市Aから森林公園に行くのは1000円かかり，都市Bから行くのは2000円かかる．このように旅行費用を支払っているということを考えて，消費者余剰を測りましょう．

　あとでこの森林公園で入園料をとるということになるとどうなるか議論をしようと思いますので，縦軸は1回の訪問にかかる費用(旅行費用＋入場料)ということにしておきます．

　都市Aからは1000円で行ける，都市Bからは2000円かかるという状況です．訪問率を考えると，1年あたり何回訪問するかということになります．都市Aからは1000円で10%，0.1回/年という訪問率になっています．都市Bのほうは5%ですから半分で，0.05回/年という訪問率になっています．データと

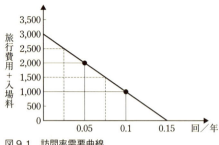

図9.1 訪問率需要曲線．

してはこの2つしかないということになります（図9.1）．

まず最初に，これで訪問率需要曲線を求めなさいということです．2点しかなくて，需要曲線を出せといわれても困りますよね．原点に対して凸になるか凹になるかを考えるということも，もちろんできますが，この2点しかないから需要曲線にするためには直線で近似することにします．

実際に分析を行う際には，都市A，都市Bだけではなく，もっとたくさんの都市について分析します．それぞれの旅行費用も異なりますし，訪問率も異なることになるでしょう．多くの点を描くことができますから，どのような曲線がふさわしいかの議論もできることになるでしょう．ここではあくまで，単純な例を取り上げているというわけです．

その次に，たとえばこの森林公園の入場料を500円に設定した場合，利用者はそれぞれの都市から毎年何人くらいずつになるかを考えてみます．これまで都市Aの人は1000円でくることができていたのに，入園料が500円かかると，合計で1500円払わないと利用できなくなってしまいます．その場合，訪問率は0.075（7.5%）になると推定できます．同様に，都市Bの人は，今まで2000円で利用できていたのに，さらに500円払わされ，合計で2500円の支払いとなるので，訪問率は0.025（2.5%）と予想できます（図9.1）．

その結果，今まで2万人訪問していた都市Aからの訪問者は1万5000人になります．都市Bからの訪問者は，2万人から1万人に減ることになります（図9.1）．入場料が0円のときに，利用者が何人いたのかというと，2万人ずつで4万人いましたが，500円の入場料をとると，都市Aと都市Bを合わせて2万5000人と予想できます．

なお入場料を縦軸にして，訪問者が何人いるかという需要曲線を描いた場合

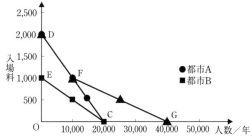
図9.2 森林公園の訪問者需要関数.

(図9.2)，木材の需要曲線を求めているのと，ほぼ同じことをやっていることになります．

そこで，入場料金を2000円とすれば訪問する人がいるかというと，ぎりぎりいるかいないかということになります．1000円というと，1万人の人が訪問するということになります．

したがって，公園に1000円以上の価値があると考える人がどれだけいるかというと，1万人の人は公園を利用するのに1000円払ってもいい．その公園は1000円以上の価値があるとみなしている人が1万人いるということです．2000円払ってもいいという人は，ぎりぎりいなくなってしまうということです．

ですから，一番高く評価をしている人はぎりぎり2000円払ってもいいと思っている．それで入場料が1000円であったとすれば，その人の消費者余剰は，出してもいいと思っている価格と実際の支払価格の差額ですから1000円になるわけです．同様に，この1000円の入場料を払って利用するであろう1万人の人たちがどういう評価をしているかというと，最高で2000円，最低で1000円の評価をしているわけで，入場料が1000円だったら，それぞれの評価と支払いの差額がそれぞれの人の消費者余剰になります．ですから，それを1万人分合計すれば，500万円ということになります．

しかし実際には，森林公園の入口でお金をとっていないわけです．そうすると，最高に評価している人は，実は2000円払ってもいいと思っているのに，払わずに入ることができているわけです．この人は，入場料0円のときに，2000円消費者余剰を得ているということになります．

図9.2をみながら実際に計算してみましょう．都市Aからの来訪者は2万人なので，△OCDの面積が2000円×2万人/2が都市Aの住民の消費者余剰にな

ります．都市 B の場合には，△OCE の部分 (1000 円×2 万人/2) が，消費者余剰になります．全部足し合わせると，消費者余剰の総額は年間 3000 万円になります (□ODFG)．

さて，この森林公園を維持するに値するかどうか，ということを考えなければならない立場にみなさんがいたと想定してみましょう．具体的には，この森林公園を県が維持管理をしていると考えてみます．この公園を維持管理するために，年間 2000 万円かかるというときに，県の担当者の人は，年間 3000 万円の消費者余剰が生じるので，維持管理費として 2000 万円を払うに値すると説明をすることができるということになります．

消費者余剰を算出するやり方はいくつか考えられます．訪問率を推定してから，平均的な消費者余剰を考えていて人数をかけてやるというやり方もできますし，上述のように入場料に対してどれだけ訪問者がいるのかを出して，こちらから消費者余剰総額を算出することも可能です．

前者の訪問率需要曲線を使って計算してみましょう（別解ですね）．都市 A の住民は 1000 円の旅行費用がかかります．1000 円ならば 0.1 % の利用率，2000 円だったら 0.05 % の利用率になっています．3000 円になると訪問者はいなくなります．平均的消費者の需要曲線としてみると，都市 A の人は 1000 円で行けるから，その価格線 (1000 円の水平線) と訪問率需要曲線に囲まれた面積が，1 人あたりの年間消費者余剰，つまり 100 円/年・人を得ているといえます．都市 A には住民が 20 万人ですから，2000 万円/年の消費者余剰を得ていることになります．都市 B の平均的な消費者余剰は，訪問率需要曲線と 2000 円の価格線に囲まれる面積，25 円/年・人です．これに人口である 40 万人をかけたのが，都市 B の消費者余剰の総額，1000 万円/年になります．それで都市 A, B の住民全員で考えると，合計 3000 万円/年の消費者余剰となります．

実際に屋久島で TCM を行った際の問題点を紹介します．屋久島の場合には，島にくる人の数をどうやって推定するのか，ということがけっこう面倒です．一般的に，島の場合，入ってくる人の数は比較的把握しやすく，泳いで渡ってくる人はまずいませんので，飛行機でくるにせよ船でくるにせよ，一応旅客名簿があるので数を出すことができるのですが，それでも旅行できている人はどれだけいるのかを出そうと思ったら，それなりに分析しなければいけません．仕事できている人もいるし，住民が行き来をすることもあります．観光できて

いる人はどれだけいるのか，という数字を分離しなければいけません．

それから，日本で旅行費用法を実施する場合の問題点というのは，目的地が複数である場合が多いことです．屋久島だけに行く人は，必ずしも多くありません．ついでに隣の種子島や指宿に行くとか，まとめてパックの旅程になっている場合が多いようです．そうすると，屋久島の旅行費用はいくらなのか，分割をしなければいけないようなことが出てきます．現実にTCMを適用する場合には，そういったことを考えないといけません．

9-4　ヘドニック価格法

今までのお話で，そこに行くということで得られる満足であれば旅行費用法によって評価できることがわかりましたが，森林が身近にあることによって，環境が改善される効果はどのように評価をしたらいいでしょうか．

森林があるということは，たとえば住宅を売ろうという場合には「近くに森林もあっていいところです」ということをいえば，たしかにその物件に付加的な価値がつき，それだけ高く売れているだろうと考えられます．

理屈のうえからいうとそういうことで，地価とか地代から森林の効果を分離すれば，森林の効果がいくらであるかは出てくるはずです．

この考え方の評価方法を，ヘドニック価格法といいます．ヘドニック価格法はパソコンや車の価格で考えてみるとわかりやすいでしょう．去年のパソコンと今年のパソコンを単純に値段で比較できません．スペックが変わっているからです．ハードディスクの容量が変わっているのであれば，容量ごとに分解して考える．それから，速度が変わっていれば速度に分解して考えなければいけません．車についても，モデルが変わっている場合には，価格を機能に分解してそれから評価をしないと，価格が上がっているのか下がっているのか判断できません．

「ヘドニック」という言葉ですが，これはヘドンというギリシャの哲学者，快楽主義者という言い方をしますが，その「快楽に基づいて考えるべきである」ということをいったことから，ヘドンの名前をとってヘドニック価格法といいます．そのように，保健休養機能のうちの保健機能であれば，そういうかたちでその価値を評価することができるはずです．

9-5　仮想評価法

　問題になってくるのは，存在価値とか遺産価値とよばれるものの評価です．そこで出てきたのが，仮想評価法（Contingent Valuation Method：以下 CVM）という評価手法です．たとえばダム建設をすることによって，そこの環境が破壊されるということがあった場合に，そのダムをつくるに値するかを考えてみます．すると，それにかかわる人たちに「こういうかたちでダムをつくると，こういうふうに環境が破壊されます．それをとめるのに，あなたはいくらまで払いますか」という質問をして，その環境をいくらに評価しているかということを問うことができます．このように環境が失われるということに対して，それを防ぐという条件だと「あなたはいくら払いますか」ということを聞くというかたちになるので，ある仮想的な状況のもとで，それをいくらに評価するかという意味で，CVM という用語を用いるわけです．

　CVM がおそらく最初に大々的に使われたのは，バルディーズ号事件（エクソン・バルディーズ号原油流出事故）という事件です．エクソンという石油会社のバルディーズ号という石油タンカーが，北海で座礁により積荷の原油を流出させました．事故に対する補償をいくらにするかを考えた場合に，それによる環境の破壊を防ぐのに，みなさんであればいくら払いますかと聞くというかたちでやったのが，CVM を大々的に行った最初の例です．

　こういうかたちで CVM というのは「いくら支払いますか，ということを表明してもらう」ということなので，表明選好法（Stated Preferences：以下 SP）の一種になります．「選好」とはどれだけ好んでいるかということなので，英語では「preferences」といいます．

　これに対して，木材の価値評価や，TCM のような方法は，いくらですかということを直接聞くのではなく，その人が実際に買うという行動，あるいはそこに行くという行動をもとに評価してもらうことになります．これらの手法は，顕示選好法（Revealed Preferences：以下 RP）に属します．

　RP の議論を最初にやった人は，ポール・サミュエルソン（Paul Samuelson）という研究者です．ノーベル経済学賞も受賞していますが，彼の議論というのは，行動にその人の選好が顕されているとして議論を立てたのが，一番大きな仕事ということになります．それに対して，SP という手法は，直接的にいくら

といっていてわかりやすいのですが，このやり方の場合には問題がかなりあります．正直に本当のことをいっているのかどうか，という議論が出てくるはずです．

CVM 研究の分野では，バイアスという言い方をしますが，たとえばダム建設をやめさせようという話をするときに，あなたはいくら払いますかと聞かれて，実際に払うわけではないので，そのダム建設を阻止するための素直な金額を答えるとは限りません．たとえば，ダム建設をぜひ阻止したいと思っている人は，多めの金額を表明する可能性があります．ぜひ建設を阻止したいと思えば，10万円でも20万円でも払いますと答えるかもしれません．これを戦略バイアスといいます．

建設を阻止することにいくら支払うかといわれても，そんなものにお金を払ったことがないから，どう金額で評価したらいいかわからないのではないでしょうか．そういう場合には，選択肢に金額が書いてあれば，その真ん中あたりがいいだろうといって，真ん中あたりをとる可能性もあります．それもバイアスの 1 つです（中央値バイアス）．

表明選好法の場合には，十分に気をつけないと，このようにバイアスが出てくる可能性があるということです．バイアスが生じないためにはどうしたらいいのかということをいろいろと考えてやらなければならないというのが，CVM を用いる場合の注意点といえます．

9-6　代替法

森林の水源かん養機能は，「緑のダム」といわれています．であれば，森林はダムの代替財ということができますが，本当に代替財といえるでしょうか．実際にはものが違いますよね．代替財で，本当に代替できるのかということの評価が非常にむずかしいということになります．

典型的な例として，森林は酸素を供給してくれています．それから，炭素を固定してくれています．この評価をどのようにしたらいいか考えてみます．答えの比較的出しやすい炭素固定機能であれば，炭素固定についての国際的な価格があるので，そういったものを使えばいいという話になります．その一方で，酸素供給機能というのは，国際的な価格がついているわけではありません．ど

う評価したらいいのでしょう．1972年に林野庁が試算した方法は，「酸素ボンベ何個分になっているか，そして，その酸素ボンベがいくらになるか」という計算から推定していました．代替評価法を使っているということなのですが，酸素ボンベに入っている液体酸素と，森林が供給している酸素ではものが違います．少なくとも，酸素ボンベが妥当な代替財ではないことは明らかではないでしょうか．

代替評価法では，代替物ではないものを代替物にもってきたり，もっとも安価な代替物を選ばずに高い代替物で推定する恐れがあります．これが理論上ではそうすべきである問題点です．

9-7 貨幣的に評価することの意味

最後に，貨幣で評価することにはどういう意味があるかという，いわば根源的な問題に触れておきたいと思います．たとえば，森林公園を用意するとか，それを維持することを実際にやらなければいけない．それにはお金がかかる．お金がかかる場合に，それを納税者に説明しなければいけない．そのときにどのようにするのか，という場合に，お金(価格)でいえたらいいのですが，いえなかったら管理はできないのでしょうか．それは違いますよね．これはこれだけのお金を払うのに必要ですという議論をちゃんとすることができれば，代替物になるダムがいくらという説明をしなくても，説明ができるはずです．

ですから，なぜ貨幣評価しなければいけないのか，というところにさかのぼってきちんと考える必要があります．TCMのいい点は，訪問者の需要曲線を求めることができる点です．屋久島などの場合も，入るときに入島料ということでお金をとったほうがいいのではないか，縄文杉をみにいく入口のところで，お金をとることをやったほうがいいのではないかという議論があるのです．それをした場合，訪問者がどれくらいになるかの予測には，少なくともTCMは使えます．貨幣評価にも用いることができますが，訪問者数の推計にも使えるのが利点といえるでしょう．

第9講では，森林の公益的機能をどう貨幣評価するか，という観点からお話ししました．訪問して利用するレクリエーション機能に関しては，TCMという顕示選好法で，実際の行動に基づく評価ができましたが，それ以外の機能に

関しては，理論的には正しいといえるが実務上はなかなか評価しづらい，それに代わる同じ機能を果たす最安価な財で評価する代替法，いろいろなバイアスがあり，その正当性を保証しづらいCVMなど適用がむずかしい手法をとらざるをえません．

このように公益的機能の貨幣評価にはむずかしい点が多くあります．そうであれば，貨幣評価はせずに，どのような公益的機能があるのか，それをもたらす森林のあり方を客観的な指標で表そうという考え方もありうるわけです．それが森林資源勘定といわれるものです．森林のありようを，勘定体系という会計学的な枠組みで表したものといえます．

森林環境機能の経済的評価において，貨幣で評価する必要は必ずしもありません．経済的，社会的に評価することは，必ずしも何円という貨幣評価だけではないはずだからです．

第10講　公共財供給の最適条件

10-1　市場の失敗と公共財

　第10講での話題は「公共財供給の最適条件」ですが，この前提として重要なポイントである「市場の失敗」についてもお話しします．公共財は市場の失敗の代表的なものだからです．また，異なる時点における費用や便益をどのように評価するのかについてもお話しします．公共財はしばしばストックとして供給され，それから長い期間にわたって公共サーヴィスを提供することになるからです．

　まず初めに「市場の失敗」ですが，この言葉の前提として，通常は市場は失敗しないということがあるわけです．その前提をおさらいしておく必要があります．厚生経済学の基本定理，市場に任せておくとうまくいく，アダム・スミスの「見えざる手」に相当する話です．

　なぜ森林や林業に対して助成をしなければいけないのか，政府が関与していかなければいけないのかというと，森林や林業というものは市場に任せてうまくいくという性質ではないのだということになります．

　市場の失敗は，次のように表現することができます．厚生経済学の基本定理とは，完全競争のもとでの市場均衡がパレート最適をもたらすということですので，これが成立しない状況が「市場の失敗」であるといえます．これの代表的なものに公共財があります．

　森林には多様な公益的機能があるといわれていますが，この言葉の「公」は，「公共財」の「公」とかぶっています．これについてはのちに触れたいと思いますが，まず公共財とはどういうもので，どうして市場の失敗をもたらすのかの議論をしなければなりません．この公共財の議論をきちんと定式化した人の1人が，ポール・サミュエルソンです．1954年のRES (Review of Economics and Statistics) の論文で，この議論がなされています．

そのなかでサミュエルソンは「公共財の特徴は，みんなが同時に消費するものである」と，公共財の本質をそのようにとらえたのです．

これに対して，たとえばリンゴのようなものは，1人で食べるしかないわけです．1人で食べて1人で楽しんで，ほかの人は楽しむことはできない．これは個人的消費ですね．けれども，同じリンゴであっても，ここにおいてみんなで鑑賞するという使い方をすると，みんなで同じだけみることができます．「社会的，集団的に，みんなで同時に消費することができる」ものとして公共財の特質を考えて，その生産・消費にかかわる最適条件を求めたものがサミュエルソンの仕事ということになります．

公共財にはどんなものがあるかというと，たとえば道路があります．それから，公園のようなものが公共財ということができます．実は，サミュエルソンが論文を出したあとに出てきた批判は，公共財の性質として，共同消費だけでなく，排除することができるかどうかということもあろうという点です．利用しようと思っても，それを利用させないことができるものは公共財ではないだろうということです．たとえば，公園のようなものを考えた場合に，みんなで使うこともできるでしょうが，公園の入口を閉ざしてお金をとるようなことをすれば，公共財ではなくなるという指摘です．実際にディズニーランドなどは，そういうことをしています．

そうすると，供給者による排除が可能であるのか不可能であるのか，という排除の可能性の軸を考えることができるわけです．それと，個人的な消費と集団的な消費という軸が考えられます（図 10.1）．

個人的消費であって他者の利用が排除可能である，これは普通の私的財（private goods）ということができます．リンゴを普通に食べる場合には，これに該当します．この対極にあって，集団で消費されて排除ができない，これが一番典型的な公共財（public goods）ということができます．

図 10.1 は 4 つの象限に分けられますので，残りの象限についても考えてみましょう．

ディズニーランドのような集団的消費であって排除が可能であるもの，実はここでの講義もそうですね．私が話していることをみなさんは聞いて，ある意味，共同消費しているわけです．あまり楽しくない消費活動かもしれないけれども，教育活動といったものも，ある意味消費しているということができると

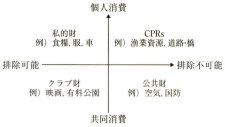

図10.1 排除の可能性と共同消費競合性による財の分類.

思います．授業料を払って聞いているわけです．あるいは，映画館もそうですね．映画の場合には，ある意味楽しむためにお金を払っていく．お金を払った人は入れるけれども，入れない人もいるということですから，排除が可能であって，集団的に消費される財をクラブ財（会員制の施設など，会費を払う会員は共同利用できるが，会費を払わない人は利用できない財）とよびます．カントリークラブとか，ゴルフクラブなどの意味のクラブです．

　4つの象限の残り1つは，個人的に消費される方向にあるのだけれども，排除ができない，CPRs（コモン・プール・リソーシス：Common-pool Resources）という言い方をします．排除ができないのでみんなが利用してしまう．みんなが利用することによって，混雑が生じてきてだんだん質が低下する．集団的な消費がしづらくなっていくということです．個人的というところまではいきませんが，多くの人が排除できないので，利用することによって混雑が生じているものをCPRsと書くことが多く，最近こういうものもどう扱うべきかをきちんとしていかなければいけないということが議論されています．

　そういうことで，公共財であったりクラブ財であったり，集団的に消費されるものは，市場に任せておいてはたしてうまくいくのか，という議論が必要になってきます．森林に関する公共財としては，森林公園をあげることができます．その維持の可否については，TCMを用いて利用者たちの消費者余剰を測り，維持費用とつりあうかの議論を前講でしたところです．政府，ここでは地方自治体が適当だったかもしれませんが，そうした制度が必要となり，市場に任せられないのはいうまでもないと思います．

10–2　公共財以外の市場の失敗

　公共財以外の市場の失敗として，まず外部経済性と外部不経済性（性をつけない用語も用いられます）をあげることができます．

　「経済主体」，これは家計であったり企業であったりしますが，その「経済的活動」，それは消費活動であったり，生産活動であったりするわけですが，その活動がほかの経済主体にいい影響を与えたり，悪い影響を与えてしまう場合を指します．企業の場合は，「利潤が増える」のはいい影響ということで，悪い影響ということであれば「利潤が減る」ということになります．消費者，家計についていうならば，いい影響を与えるのは「効用が増大する」ということですし，悪い影響というのは「効用が減少する」ということです．

　ほかの経済主体に与える影響までは考えずに，自己にとって最適な選択をするのが，市場経済の原則なので，こうした外部（不）経済性があると，最適な帰結にいたらないことになり，市場の失敗が起きるわけです．

　森林の分野ではどういうことが考えられるかというと，長期的にいうならば，林業活動が盛んになることによって森林資源が増大して，森林の公益的機能が増進するという外部経済性が考えられます．水源林を造成することによって，水源かん養機能が向上するということも1つの例です．長期的にはそのようにいえるのですが，林業生産活動が活発になると伐採によって森林資源は減少するので，短期的には森林の公益的機能が減少するという外部不経済性もありうるのです．

　そのほかに，森林・林業の世界ではあまり考えられませんが，市場の失敗の例としては，費用逓減産業（生産量が増加すると平均費用が逓減していく産業）というものをあげることができます．費用逓減産業というのは，現代社会において重要な位置を占めるようになってきています．平均費用が生産増大にともなって減少していくものであり，初期費用が大きくて追加的費用が小さいものです．ソフトウェアとかを考えると，開発費用は非常に大きくかかるわけですが，それを商品として売るときにかかる費用は，それをコピーして売ればいいわけなので非常に小さくなります．

　昔はあまりこういう産業はありませんでした．たとえば，農業で考えると，生産を増やそうということになると，生産に向かない，より奥地に農地を徐々

に広げていくということをしなければいけません．そうすると，追加的費用は徐々に大きくなることになります．製造業にしても多くのものは，追加的費用が徐々に大きくなるというのが今までの世界でした．

ところで，費用逓減産業になると，厚生経済学の基本定理に関してなにが困るのかというと，追加的費用が小さいわけですから，最初につくり始めた生産者が供給を増大していくと費用がますます低くなるわけです．次の企業が同じように大きい初期費用をかけてつくりだすとなると，費用が高くつくことになり，社会的に好ましくないことになります．最初に大きくなった会社が一番安く生産ができるわけで，競争力も一番強いということで独占的な供給になる．独占的な供給になると，完全競争市場が成立しないということになるので，厚生経済学の基本定理に従わなくなるということになります．

4つめの市場の失敗は，異時点の評価にもかかわってきますが，将来どれだけの財を生産すべきかという判断についてです．これについては，必ずしも市場でうまく議論することができないという意味で市場が失敗します．これを将来財（future goods）とよびます．

市場に任せておいてうまくいかないことをすべて市場の失敗という用語で表す論者もいて，たとえば分配の問題，衡平ないし平等性をあげる方もおられます．しかし，厚生経済学の基本定理では，衡平性は議論せずにパレート効率性を問題にしているので，ないものねだりのように思われます．ただ，論者によってはこれを含めていう人がいるので，そういったこともわきまえておくのがいいと思うので付け加えておきます．

外部（不）経済性として出てくるものとして，たとえば水源かん養機能とか，土砂崩壊防備とか土砂流出防備がありますが，そうした国土保全機能は多くの人が受け取る効果ですから，こうした外部（不）経済性は公共財としての性質をもっているということもできます．

最近「政府の失敗」ということも，よくいわれるようになってきています．話としては，市場の失敗に対してそれを政府が直そうとすると，かえってそれ以上にひどい状況になる場合を指していうようです．実際にどういうことが起きているかというと，たとえば日本の国有林政策では，外部経済性を考慮したり，未来財生産を適性に行うべく経営してきたはずが，大赤字を抱えるようになったことを考えると，市場に任せておいたほうがよかったかもしれないとい

うことから，政府の失敗ということができるのかもしれません．なお，市場の失敗は，厚生経済学の基本定理というものがあるのできちんと定義することができますが，政府の失敗というのは，きちんと定義できないので，乱用されているのが実態です．

10–3　異時点における評価

　将来財の話をしたところで，異時点における評価についてお話ししましょう．実は，すでにこれについて第3講で触れています．官民有区分を行った際の地価の評価の話です．

　そのときにどういうことを考えたかというと，毎年 X 円の収益を生み出すような，そういう資産はどう評価できるかという設問です．利回り R（通常数％でしょう），具体的には5％という数字を使いましたが，等価の資産として Y 円を考えると，利回り R でまわってくれると，毎年 X 円の収益を生み出すと考えられるので，この利回りで割り戻すことができる．こういう考え方をお話ししました．キャピタライゼーション（capitalization：資本化）という言葉も，そのときに使いました．「利子のほうから資本のほうに戻してやるのがキャピタライゼーションである」ということをそのときにお話ししました．

　このとき，1年目に X 円，2年目に X 円，3年目に X 円といったものが，未来永劫に続くというものを考えていたわけです．同じものが未来永劫につながっているので，式10.1のように書くことができます．

$$C = \frac{X}{(1+R)^1} + \frac{X}{(1+R)^2} + \cdots = \lim_{t \to \infty} \sum_{i=1}^{t} \frac{X}{(1+R)^i} = \frac{X}{R} \qquad (式 10.1)$$

　年によって，初年度は X_1 円で，2年目は X_2 円で，3年目は X_3 円でと違ってくるような場合にはどう考えたらいいのか，ということを考える必要が出てきます．その場合，1年後の X_1 円を今に評価し直さなければいけない．2年後の X_2 円を現在に割り戻してやることを考えなければいけないことになります．

　割り戻しということを考えるのは，現在の100万円と，来年の100万円を，同じと評価していいのかということから出てきます．たとえば，私がみなさんに「今，100万円あげます」といった場合と，「1年後に100万円をあげます」

といった場合と，どちらのほうが嬉しいでしょうか．「今100万円あげます」というのと，「1年後に100万円あげます」というのは嬉しさが違いますね．「今100万円あげます」のほうが，「1年後に100万円あげます」よりは確実性が高いですね．1年後を考えると，不確実性があります．それから，今100万円もらったら，銀行に預けて利子を生ませる，あるいは事業に使うことができます（リスクはあるけれど）．

仮に，不確実性を考えないとしても，1年後にもらう100万円がもつであろう価値と，今の100万円の価値では，たぶん違ってくるでしょう．みなさんの場合だと，ひょっとすると1年後にもらったほうが能力がアップしていて，同じ100万円をさらに有効に使えるようになっているかもしれない．そういう意味で時間選好（time preference）は，1年後のほうがより高い評価となっているかもしれない．ただ，常識的にいうと，1年後の評価は低くならざるをえないということになります．

こういうわけで，1年後のものは現在に割り引いて考えると，それは100万円ではなく，たとえば5％で割り引くと考えるならば，約95万円になります．来年100万円もらえる権利を，今であればいくらの額と取引をするか，ということを考えると，95万円くらいだろうというふうに割り引いて考えることを通常するわけです．具体的には，何％というようなかたちで割引率で考えるのが通常のやり方です．

そこで考えているのは，自分（個人それぞれ）にとっての割引率，企業にとっての割引率というものがあります．おそらく，企業は必要なお金の量を考えて，お金を借りるというかたちで割引率を設定するのです．個人でも潤沢なお金をもっている人であれば，直接企業に貸し出すことができるので，借りる側の企業との取引を通じて，私的な割引率を決めることもできるでしょう．

それに対して，社会にとって来年の100万円と今の100万円をどう評価すべきかということになると，社会がなくなることはないでしょうから，おそらくは不確実性は考慮しなくてもいいということになるでしょう．しかし，1年間の稼得可能性はあるので，割引率は多少出てくるだろうと考えられます．

時間選好ということについていうと，社会全体としては今の人たちにとっての100万円と，1年後の人たちにとっての100万円というのは，同じような評価をすべきだということができます．そういう意味で，社会的な割引率という

のは，1年後の構成員と今の構成員を差別する意味合いはないでしょうから，おそらく私的割引率よりも社会的割引率のほうが低くなっている，と考えるほうが妥当ではないかと考えられます．

10-4　費用・便益分析

　そうすると，公共投資あるいはプロジェクトは，それぞれの年に費用と便益をもたらすでしょうから，現在年度を第1年とし，翌年度以降2年後，3年後，…t年後の費用と便益は，それぞれB_1円とC_1円，B_2円とC_2円，B_3円とC_3円，…，B_t円とC_t円となります．公共投資ないしプロジェクトには終了年度がある場合と未来永劫続くと考えられる場合がありますが，∞を許容して，T年度に終了するとして，最終年度に便益がB_T円，費用がC_T円とすると，表10.1のように表すことができます．

　この公共投資をどのように評価していったらいいのかというと，いくつかの表現の仕方がありうるのですが，割引率をRとすると，1年後は$1+R$だけ割り増しされているわけですから，割り引く場合には$1+R$で割り引く必要が出てきます．翌年は2回割り引くことになります．以下同様に，加算記号を使って書くならば，式10.2のように書くことができます．

$$\begin{aligned}
\text{PV} &= \frac{X_1}{(1+R)^1} + \frac{X_2}{(1+R)^2} + \cdots + \frac{X_T}{(1+R)^T} \\
&= \frac{(B_1-C_1)}{(1+R)^1} + \frac{(B_2-C_2)}{(1+R)^2} + \cdots + \frac{(B_T-C_T)}{(1+R)^T} \\
&= \sum_{i=1}^{T} \frac{X_i}{(1+R)^i}
\end{aligned} \quad (\text{式}10.2)$$

　PVと書いたのは現在価値（Present Value）ということです．純便益の現在価値ということで，各年ごとの純便益$X_t = B_t - C_t$を出して，それをその年数分だけ割り戻してやる，ということです．

表10.1　プロジェクト期間の便益と費用．

年	1	2	3	…	t	…	T
便益	B_1	B_2	B_3	…	B_t	…	B_T
費用	C_1	C_2	C_3	…	C_t	…	C_T

ここで、次の練習問題を解いてみましょう。

「森林公園でレクリエーション便益が毎年1500万円発生するとします。毎年の維持費用は500万円で、建設費用が3億円だとすると、この森林公園はつくるに値するでしょうか。ただし、便益と維持費用は1年後、2年後というように、離散的に発生するものとします。この森林公園は未来永劫に使えることとし、さらに水源かん養機能と国土保全効果による便益が30万人にもたらされ、1人あたりそれぞれ10円ずつあるとして、社会的割引率を4%として判断してください」

未来永劫続くわけですから、最終年度は無限大までいくということです。維持費用が1年後に500万円、レクリエーション便益が毎年1500万円となっています。さらに、水源かん養機能と国土保全効果による便益が、30万人に1人あたりそれぞれ10円ずつあるということから、水源かん養機能のほうが300万円、国土保全機能が300万円となっています。

それぞれの年の計算は、1500万円+300万円+300万円が便益総額、費用が500万円なので、純便益は1600万円ですね。毎年の便益が1600万円ずつ出てくるということで、これを4%で割り引くということになります。

これはキャピタライゼーションのときに使った式を用いることができますから、4億円という値が出てきます。建設費用が3億円ということで、純便益の現在価値は4億円ですから、これはつくるに足るということになります。

今どういうことをやっていたのかというと、1つは「異時点間の評価」です。もう1つは、公園のレクリエーション機能の「公共財としての評価」ですが、それだけではなく、この公園があることによって、水源かん養機能、それから国土保全機能という「外部経済性」も同時に生じているということで、多くの人が受けている便益というものを扱ったということになります。

森林公園をつくるというプロジェクトを評価した、ということで「プロジェクト評価」という言い方もします。PE (Project Evaluation) と書いたりすることもあります。これを1つの具体的な例としてやってみたということになります。ここでやっていることは、費用と便益を分析したので、大きい意味では「費用・便益分析」(Cost Benefit Analysis) をやったということになります。

費用・便益分析は、たとえば橋をかけるプロジェクトがやるに値するだろうかということを評価する「プロジェクト評価」として実際に行われています。

その場合には，その橋をつくるのにいくらかかるか，維持費用はどれだけかかるのか，補修は，たとえば 30 年たったら大規模な補修をしなければならないということで，費用も毎年同じ維持費用だけではなく，大きくかかる年があったりと，そういうかたちのものになります．

毎年橋を通る人の便益がどれだけあるかということは，わりと簡単に出るわけです．ところが，プロジェクト評価をやる場合には，直接の関係者ではない人たちにどういう影響が及ぶのかを考える必要があります．たとえば，橋をつくることによって，川の流れが変わってしまって，それまでとれていた魚がとれなくなることが起きるのかもしれない．だとしたら，その部分は費用として計上しなければならない，というかたちで出てくることもありうるのです．

プロジェクト評価を具体的にやる場合には，費用と便益の中身，直接の費用，直接の便益だけではなく，まわりで間接的に影響を受ける人たちの費用・便益というものをしっかりと把握するというかなりむずかしい仕事もかかわってくるというのが，実際に行われている内容ということになります．

10-5 公共財の社会的最適供給量

次に思考実験をしてみましょう (表 10.2)．

「10 人からなる社会があって，川に橋をわたしたいと考えています．建設予定地からの距離以外は同質な個人を想定します．距離が近い人のほうが，橋から得る便益は高いでしょう．たとえば，それぞれの便益を 110 万円，120 万円として，順に増えていくとして，一番多い人は 200 万円とします．建設費用が 1000 万円だとして，この橋は建設するに値するでしょうか」

足し算を実行すると，便益の合計は 1550 万円ということになります．それぞれの人の便益はすでに将来にわたる便益を現在価値にしていると考えると，費用よりも多いので，建設するに値すると考えることができます．

表 10.2 橋を建設して得られる 10 人の住民の便益． (万円)

		1	2	3	4	5	6	7	8	9	10
橋の数	1 本目	110	120	130	140	150	160	170	180	190	200
	2 本目	80	90	100	110	120	130	140	150	160	170
	3 本目	40	50	60	70	80	90	100	110	120	130

さらに，2本目の橋の建設を考える場合，最初の橋ほど切実な必要性はなくなっていると考えられ，便益も低くなっていると思われますので，便益の合計額は足し算をして1250万円になると考えられます．そうすると総便益は1250万円であり，費用よりも高いので，建設するに値すると考えられます．

3本目の橋はさらに必要性が低くなって，便益は40万円，50万円から130万円までで，足し算を実行すれば850万円です．そうすると，総便益は850万円であり費用よりも低いので，建設するに値しないということになります．

橋の場合には，次の橋1本を建てることにかかる追加的生産費用は1000万円だったわけですが，追加的にできる橋から得られる10人全員の便益の総和がこれを上回るときは生産をしていいということだったのです．

橋の場合には離散的に1個，2個と考えていったので，2個までは上回るということです．以上の思考実験から，社会構成員全員の追加的な便益の総和が，追加的な費用を上回ることが公共財の最適供給の条件として得られたわけですが，離散的ではなく連続的に変数を変えることができる場合だと，追加的な効用総額が追加的な費用より大きい限りは生産を続けていくことになるので，最終的には追加的な効用，つまり限界効用の社会構成員全員の総和が限界費用に等しくなっていきます．実はこの条件が，サミュエルソンの1954年のRESの論文の結論になっています．

私的財の場合は，市場均衡にいたることが，パレート効率のための条件(厚生経済学の基本定理)でしたが，供給曲線は読み替えると限界費用曲線で，需要曲線は読み替えると(貨幣評価をした)限界効用曲線でしたので，市場均衡では実は限界費用が限界効用に等しいことが条件でした(細かいことをいえば，市場需要曲線は個別需要曲線を横に足しているので，だれの限界効用も市場価格に等しい状態になっています)．これに対して，公共財の最適供給条件(どれだけの公共財を供給すべきか)は市場構成員のその財に対する限界効用の総和が，その財の供給に関する限界費用に等しいこと，といえるわけです．限界効用は逓減しますし，限界費用は逓増するので，財の需給量が少ないところでは限界効用の総和は限界費用を下回っているでしょうし，多すぎるところではそれは上回っているはずです．それが等しいところで最適な公共財供給が実現できることになります．

第 11 講 コースの定理と森林法制

11-1 コースの定理——煙害をめぐる工場と住民の例

今回の話題は「コースの定理 (The Coase Theorem)」です．経済学の分野で「定理」といわれる主なものは前回にもお話しした「厚生経済学の基本定理」と，この「コースの定理」です．両方ともパレート最適にかかわります．パレート最適の概念がいかに経済学の分野で重要であるかが，表れているのかもしれません．今回もまず，思考実験をします．

A・M・ポリンスキーの『入門 法と経済』で用いられている例をここでも取り上げることにします．

工場の煤煙によって洗濯物を汚されてしまうという被害者が 5 人いて，毎年の被害を現在価値に換算すると 1 人あたり 200 万円の損害になるとします．これを防ぐには，工場に 300 万円の防煙装置を設置するか，あるいは，1 戸あたり 100 万円の電気乾燥機をつけて室内に干すというような技術の状況を想定します．

このような技術的想定のときに，どういう帰結にいたるかは，社会的な制度の想定によって異なりうるので，さらに紛争解決をするための想定をいくつかします．

第 1 の想定は，工場が操業し大気を汚染するということをずっと昔から当たり前のようにやっていたところに，住民が転入してきたという状況です．煙害があるということを承知で住民がやってきた場合，どのような解決策が考えられるでしょうか．

この場合，煙害で汚れることはわかっていたのだから，なにもせず被害を甘受するのも，やり方の 1 つです．各戸が 100 万円の電気乾燥機を買ってきて対処するというやり方も，もちろんあります．200 万円の損害に対し，電気乾燥機は 100 万円の出費ですむのですから，なにもしないよりましと考えることが

できます．

　もし住民たちは相談するのもいとわないし，工場も聞きわけがよいとすると，みんなで相談して工場にかけあいに行くでしょう．300万円の防煙装置をつけてほしいと頼むわけですが，工場のほうからは「住民のみなさんはわかったうえで当地にお越しになったのですから，費用は負担してください」という話にたぶんなります．このとき，300万円を5人で分けるわけですから，1人あたり60万円出しあってつけてもらうように頼むということになります．

　これらのやり方のなかでどれが一番いいのかといえば，もちろん最後の「工場に頼んでつけてもらう」というのが一番いいに決まっています．これが帰結されるには，住民たちが相談をいとわず，工場も聞きわけがよいことが条件になります．相談するのが面倒であれば，各自で電気乾燥機を買うという帰結になっていたかもしれません．

　第2の想定として，今度は住民たちのほうが先に住んでいて洗濯物を自由に干せていたところに，工場がやってくるとしましょう．その工場が煙を出すことになったら「けしからん」ということになるでしょう．けしからんので工場に文句をいいます．もともと住民が清浄な大気を満喫するという権利をもっているので，工場は，なにも対策をしなければ，1人あたり200万円の損害賠償をしなければいけない．それを5人に損害賠償しなければいけないので，1000万円支払わなければいけないというのが，なにもしない場合です．

　工場としては，訴訟を起こされ，損害賠償をしなければならないことを見込んで，自発的に300万円の防煙装置をつけるということも，もちろんありえるでしょう．また，住民のみなさんに「申し訳ありませんが，電気乾燥機を買ってください」といって100万円ずつ渡し，全部で500万円かける解決策というのもあることはありますが，これは選択されないでしょう．

　そうすると結局，第1の想定でも第2の想定でも，300万円の防煙装置をつけるという，社会的に一番費用が低いやり方が帰結されます．ただ費用負担が住民になるのか，工場になるのかという違いが生じます．権利の所在が工場にあったということであれば，住民たちのほうが負担することになりますが，住民が大気を使う権利をもっていた場合には，工場が支払うということになります．

　ここで，重要な点は，住民たちが相談するのをいとわない，あるいは訴訟も

スムーズに行われるという仮定です．仮に住民たちが，顔をつきあわせるのもいやで相談するのが非常に面倒だという状態であったとすれば，なにが起きるのでしょうか．相談も工場との交渉にも行かない．非常にいやであるということを経済学的に表現すると「費用」が高いと考えます．相談や交渉を「取引」といいます．つまりこの問題は，「取引費用 (transaction cost)」が非常に大きい場合になにが起きるかということです．

　工場が煤煙を排出していても，各自が電気乾燥機を買ってしまったほうが，相談したり交渉したりするより楽だと考えて，100万円の支出を選択する結果になりかねません．ですから，取引費用が大きい場合には，社会的に最適な，費用最小の帰結にならないということがありえるわけです．

　また清浄な空気を使う権利を住民がもっていて，そこに工場が新たに操業を始めようという場合であっても，住民たちが訴え出ることの費用が大きく，かつ工場もそのことを知っている場合，工場は煤煙を出したまま知らん顔ということがありえます．住民のほうは，自分たちに本来権利があるのに，訴え出ることもできずに泣き寝入りということになりそうです．このとき住民は，200万円の損害を受けるよりは100万円を自分で支払ったほうがまだましなので，電気乾燥機を買うというかたちになりかねません．

　一方，大気を使う権利が，工場にあるのか住民にあるのかということが明らかになっていない場合，どちらが最終的に費用を支払うのかということが決められないので，やはり社会的に最低費用が帰結するとは限らない，ということになります．

　つまり「権利の所在によって負担者は異なるが，社会的最低費用の帰結になる」と断言するためには，相談や交渉にかかる取引費用がないという条件，および大気を使う権利の所在が明らかであるという条件の2つが必要なのです．

　それぞれの利得というものを，図に表すと，まず工場が権利をもっている場合，最終的には住民は60万円の負担をするということになるわけです．それから，電気乾燥機をつけるとすれば−100万円，被害を甘受するとすれば−200万円という位置になります．工場は負担がないので0円．両者は，図11.1の左パネルのように，点C，B，Aとなります．

　次に，住民がもともと住んでいて，そこに工場がやってきて操業した場合，工場がそのままになにもせず，住民に訴えられると，1000万円の賠償金を支払う

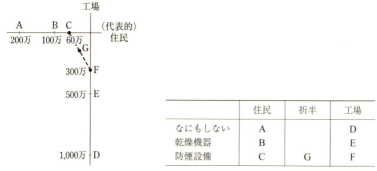

図 11.1 煙害をめぐる工場と住民の支出例．（ポリンスキー，1986 をもとに作成）

ことになります．工場が住民に頼んで電気乾燥機をつけてもらうとすると，住民のほうは0円で変わりませんが，工場のほうは500万円の支出になる．もちろん防煙装置をつけて，300万円の支出ということもありえるわけです．点D, E, F となります．

大気を享受する権利は工場か住民のどちらか片方と仮定しましたが，工場が半分の権利をもっていて，住民が半分の権利をもっている場合を想定することもできます．工場は半分の150万円だけ支払う．それから住民は残りの150万円を5人で分けて，1人あたり30万円の支払いをする．半々ということであれば，点Gに帰着するわけです．

権利のありよう，配分がどれくらいであるかによって，線分CF上のほかの点にもなりうるということになります．

そうすると，取引費用がなく，権利の所在が明らかな場合には，線分CF上のどこかの点に位置するということになるわけです．この点というのは，私たちのなじみのある表現でいうと，いずれもパレート最適ということができるので，結局，「取引費用がなくて権利の所在が明らかな場合には，パレート最適にいたる」ということができます．これをコースの定理といいます．ちなみに，取引費用がある場合にどうなるのかということを研究するのが「法と経済学 (law and economics)」という分野で，このコースの定理を基準にして，これから外れる場合にどういうことが起きるのかという分析をします．ここで「法」というのは，権利のありようを表現する言葉です．

11–2 市場の失敗，コースの定理，法の役割

　経済的な活動は，市場に任せておくとそれなりに好ましい帰結，パレート最適にいたるという，厚生経済学の基本定理の話を第7講でしました．それがうまく機能しないこともあり，それを市場の失敗とよぶ，という話も第10講でしました．市場の失敗の代表的な例として公共財の話をしました．その公共財の最適な供給の条件もお話ししました．コースの定理の話をするべく想定した思考実験では，外部不経済性が題材でした．これも市場の失敗の代表的な例ですが，市場に任さなくても，というよりこの場合は市場に任せては，パレート最適にいたらない場合ですが，取引費用がなく，権利関係が明確に定められていれば，パレート最適にいたるというのがコースの定理でした．

　外部経済性や外部不経済性の場合に，市場が失敗するのは，各経済主体がほかの経済主体への影響を自分の経済活動の決定の際に組み込むことなく，自分への利得だけを判断基準にして行動するから，社会全体では（それなりの，つまりパレートの意味の）最適な帰結にいたらないわけです．どうすればいいのか，外部(不)経済性が少数者にわたるだけである場合は，関与する人たちとの交渉の可能性があり，コースの定理で保証されるパレート最適にいたるかもしれません．しかし，多数にわたる場合は取引費用が多額に及んで，関係者間の交渉に任せることはできないでしょう．そこで政府がその交渉に相当する判断をすることになります．

　公共財の供給に関しては，もともと多数の受益者がいて，公共財とよばれるわけです．受益者の範囲が地域に限られる場合，地域公共財とよんだり，全世界にわたる場合には地球公共財とよんだりします．いずれにせよ公共財の場合も受益者が多数に及ぶので，自発的な交渉では（取引費用が多額になり）パレート最適にはいたれないので政府が関与し，前回お話ししたような最適な条件を満たすべく供給していくことになるわけです．

　外部(不)経済性の場合は，主たる経済主体による経済活動があり，ほかの経済主体にいい（悪い）影響を与えているわけですから，より多く（少なく）活動させるように政府が働きかける必要があります．そのやり方としてはもちろん，活動水準を指示するようなやり方と，補助金を与えるような価格に影響を与えるやり方があります．前者は排水による水質汚染のような場合に，排水の水質

基準を設定する例が考えられます．後者は外部不経済の場合には課税することになり，そうした政策を提唱した経済学者の名をとってピグー課税 (Pigovian tax) とよばれています．

森林で，木材生産という私的な利潤獲得のための経済行為として行う場合を考えてみましょう．水源かん養機能であるとか，国土保全機能だとかの外部経済性をもつので，これは私的な水準以上に推奨すべきと考えられます．このために補助金を与えるという考え方もできますし，外部経済性を考えた水準で森林造成・管理をするのが当然のことであり，それを下回るようであれば罰金をとるべきだと考えることもできます．これは外部経済性を森林所有者の持ち物と考えるか（したがって，それを享受する公衆からその便益に相当する金額を，おそらくは財政負担というかたちで支払う），それとも外部経済性は公衆のものと考えるか（したがって，森林所有者はそれを提供できなければ対価を支払う）の違いと考えられます．

市場の失敗の話，そしてそれを修正するための政策をどうするかは，コースの定理でお話しした権利の帰属の話と深くかかわっているのです．権利の帰属とその調整のためのルールが，現実の社会での法律や政治制度として備えられているのです．そこで，以下ではどのように森林の世界での法律が定められているのか，というお話をしていこうと思います．

11-3　林政にかかわる近代法制度の変遷

市場の失敗を生じるような森林・林業は，政府がこれに対して政策を行わなければいけないのですが，政策を行うためにはその基礎になる法律というものが必要になってきます．

近代日本の経済発展にともなう林政の変遷については，すでに第4講 (4-5節，4-6節) でお話ししましたから，今回はそのおさらいを兼ねて，林政にかかわる法律や制度を中心にみていきましょう．

森林・林業にかかわる法律のなかで重要なものとして，「森林法」があります．1897年に最初の森林法が，そしてそれが廃止されて第二次森林法が1907年に，それから第三次森林法，これが現在の森林法ですが，1951年に，それぞれ公布されました．

森林法のなかで重要なのは，森林をどのように秩序立てていくのかということを定めている森林計画制度です．1907年法では（森林）「施業案」と「森林組合」が規定され，営林監督という性格が強くなってきます．この森林組合は，1978年に森林法から独立して「森林組合法」に規定されています．

森林組合法で規定している森林組合は，森林所有者の協同組合です．森林所有者の協同組合であることが，ほかの協同組合と大きく違うところです．農協だと農業者の農業組合なのですが，森林組合は所有者の協同組合だという違いが重要です．

森林組合の性格として重要なのは組合自体が林業を担う事業体である点です．また，系統という言い方をしますが，全国森林組合連合会，あるいは都道府県森林組合連合会があって，森林組合を指導するという組織になっています．

森林組合法で規定されている組織には，大きく3つあります．今お話しした森林組合連合会という系統組織，それから森林組合自体に加えて，3つめとして「生産森林組合」が規定されています．生産森林組合というのは，森林組合自体が森林をもっている組合です．森林所有者たちが森林を出資し，森林組合自体が森林を所有するかたちにして事業をやっていく組合として規定されています．これに対し，一般の森林組合は，通常組合は森林を所有していないが，事業を一緒にやっていこうというものです．ですから，統合の程度は生産森林組合のほうが高いといえます．ただ，実態的には生産森林組合のほぼ9割は，入会山を，生産森林組合にした場合です．みんなでもっている山ですから，本来，生産森林組合とは，非常にそりが合うというか，うまく合致する形態ということができます．森林に関係する法律で重要なものをあげるとすれば，森林法と森林組合法に加えて，1964年の林業基本法があります．ただ，名前は2001年に，森林・林業基本法となっています．森林法の場合には，それまでの法律を廃止し，新しい法律を立てるというかたちにしたので，1951年の第三次森林法という言い方をします．林業基本法は名前を森林・林業基本法に変えましたが，前の法律を廃止していないので，相変わらず1964年法です．ちなみに法律は国会で制定され，公布されて，施行されることで効力をもつようになりますが，公布された時点で法律番号が付され，何年法とよばれることになります．

森林・林業基本法でなにを定めているかというと，だいたい3つあります．まず，「森林・林業白書」を，政府が作成しなければいけないとしています．政

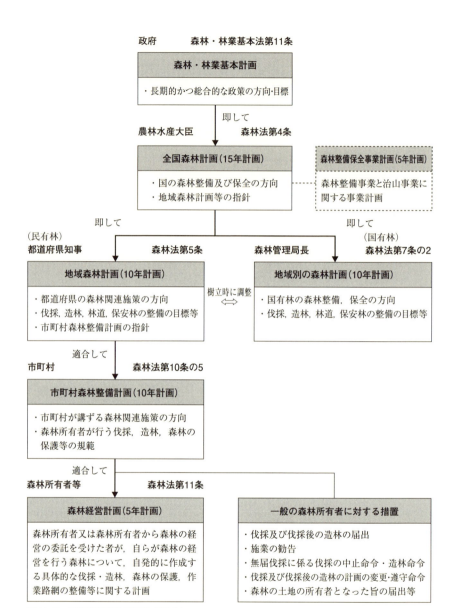

図 11.2 森林計画制度（2012年現在）．

府とは内閣のことですが，内閣が国会に対して報告をしなければいけない年次報告です．

それから「林政審議会」．審議会というのは，政府が政策について専門家に審議してくれと頼むところです．もちろん森林・林業白書の作成も林政審議会の意見を聴かなければいけないことになっています．

3つめは「森林・林業基本計画」を立てることです．森林計画制度が森林法のなかにあるのですが，基本法は一般法の上位に位置することもあり，この基本計画のもとに森林計画が立てられることになります．具体的にいえば，全国森林計画 (15年計画)，そのもとに民有林に関しては地域森林計画 (10年計画)，国有林に関しては地域別の森林計画 (10年計画)，さらに地域森林計画に適合するように市町村森林整備計画 (10年計画) が立てられ，それに適合するかたちで森林所有者が個別に，ないし共同して森林経営計画 (5年計画) を立てることになっています (図11.2)．

11-4　法律の段階構造と保安林制度

このように，「基本法」と名前がついているものは，法律の体系のなかでほかの法律の上に立つということができます．これを法律の段階構造という言い方をします．

法律の段階構造というのは，下位の法律が上位の法律に則らなければならないということで，一番上に位置するのが「憲法」です．その下に国会で決める「法律」があって，それから内閣 (政府) が定める「政令」というものがあり，それから各省庁が定める「省令」というものがあります．地方公共団体が定める「条例」というのは，さらにその下ということができます．都道府県の定める条例は，上位法に悖ることはできないことになっています．

実際に，森林法のなかで昔あった条項が憲法に違反するということで，廃止されたことがあります．それはどういう内容かというと，私有林の分割を行うことを森林法のなかで規制していたのです．ところが，私有財産を分割するということは，憲法で認められている権利であると訴えられて，森林法のほうが不適当であるとされたことがあります．

このように法の段階構造があり，下位法が上位法に悖ることはできません．

ですから，この森林法，森林組合法は普通法ですが，森林・林業基本法は基本法なので，より上位にあるということができます．

森林・林業基本法の前身である林業基本法は，1964年にできたのですが，時代としては高度経済成長が始まったころです．そのころ農林業と鉱工業とのあいだの所得の格差が問題になってきており，林業基本法もそういった問題意識で立てられました．林業の生産性を上げて林業者の所得を向上させるという趣旨で立てられたのです．林業者の所得を向上させるために，森林所有規模の拡大と経営の合理化，林道網の充実，機械化の進展ということをやったわけです．

規模の拡大そのものについては，日本の財産権が非常に強く，また土地所有の壁は厚く，林地の集積による規模拡大はあまり進みませんでした．経営の合理化については，林業基本法に合わせて入会林野近代化法がつくられて，それまでの入会林野を合理的な経営に変える政策が進められました．それが入会林野の生産森林組合化でした．

また，林道整備や機械化は森林組合を政策対象に進められました．林業基本法に基づく政策として林業構造改善事業があり，事業体に対する補助がなされ，森林組合の林業事業体としての基盤整備が進みました．

森林法の規定で森林計画制度と並んで重要な規定に，「保安林」という制度が1897年の第一次森林法からずっと一貫して設けられています．森林を保安林として指定すると，その施業が規制されます．施業というのは森林における人間の働きかけ，森林の取り扱い方法を指します．一番強い規制は禁伐です．禁伐となる保安林は，面積としてはわずかです．択伐をせねばいけない，あるいは皆伐の面積の上限が定められる，といったかたちで施業の規制がなされるのが多くの場合です．

規制に対し，通損補償という措置が行われます．森林所有者が「通常受けるべき損失」を補償するということで，通損補償という言い方をするのですが，土地利用規制にかかわる多くの法律のなかで，森林法の保安林制度は通損補償が実際に行われている珍しい規定だということができます．

伐採の仕方も決められているので，ほかの森林については伐採届でいいのですが，保安林については伐採許可が必要です．この違いについては最後にお話しします．

保安林の規制において一番重要な点は，森林からほかの用途への転用がほと

んどできなくなるという点でしょう．転用が公共の目的で行われる場合には，保安林の指定が解除される場合がありますが，それ以外の場合には，代替地がなければ，ほとんど転用が認められなくなります．

たとえば住宅を建てようと思っても，保安林に指定されていると宅地への転用ができません．したがって，そういう目的で売ろうと思っても売れないので，資産としての評価額は低くなります．保安林では，法律により固定資産税が免除され，相続税も優遇されるので，転用を考えずに森林として使い続けるなら，所有者にとってメリットもないわけではありません．

保安林は森林法のなかで，水源かん養，土砂流出防備，土砂崩壊の防備，飛砂防備，風害・水害・潮害・干害・雪害または霧害防備，雪崩または落石危険の防止，火災の防備，魚つき，航行目標の保存，公衆の保健，名所又は旧跡の風致保存，の 11 号が規定されています．この号のいくつかは複数の種類が規定されていますので，11 号で 17 種と数えることになります．なお，名所又は旧跡の風致保存（11 号）は，「風致保安林」として 1 つに数えることになっているので 17 種になるわけです．

保安林の第 1～3 号は，農林水産大臣が指定するものであり，第 4 号以下は都道府県知事が指定するものであると定められているので，1～3 号と，4 号以降は格が違うということになります．"水源かん養"，"土砂流出防備"，"土砂崩壊防備" の 3 つは，とくに重要な保安林として考えられているということも頭のなかに入れておくといいでしょう．

このように，保安林の種類ごとに，だれが指定するのかが森林法に規定されていたり，保安林における施業要件が政令（森林法施行令）で規定されていたりします．だれが指定する権利をもっているのかということを明示すること，すなわちコースの定理でみたように権利の所在を明らかにすることが，法律の重要な内容になっています．

それから，保安林の場合には伐採許可，それ以外の森林では伐採届が必要であるというように，「許可」と「届」というものがあります．届は出せばいいと思われるかもしれませんが，実は届を出されても受け取らないというかたちでの行政指導がありうるのです．ですから，届というだけでも行政的な指導があるといえます．もちろん，許可であれば，許可を出すか出さないかの権利をもっているのは，地方自治体，あるいは国や政府になりますので，さらに強いわけ

ですが，届というかたちであっても行政の指導があるということは，頭のなかに入れておくといいと思います．

おわりに

　今から 40 年ほど前，1973 年の 7 月末くらいに，東京大学の農学部林学科で森林経理学研究室の平田種男先生のもとで私は卒業論文を書いていました．4 年生の 7 月だというのに，私はなぜかまったく就職活動をやっていませんでした．私には兄が 4 人いるのですが，その 4 人のだれ 1 人として職についている人がいなかったので，それが普通と思っていたのです．

　平田先生から「お前は，どうするつもりだ」と将来を聞かれたので，「私は大学院に行こうと思います」と答えました．そうしたら「なぜだ」といわれたので，「今まであまり勉強しなかったので，これから勉強したいと思います」とうまく答えたつもりだったんですが，平田先生に「大学院は勉強したやつが行くところだ」といわれ，それももっともだとも思わされましたが，ともかく就職活動もしていないし大学院に行きたいと申し上げました．

　「大学院に行ってなにをやりたいか」と問われ，「森林や林業に対して政府が関与する，助成とはどういうことなのかを考えていきたい」と答えました．それに対して，平田先生は，「そのテーマはうちの研究室のテーマではない．隣の林政学研究室のテーマだ」といわれました．それで私は，隣の林政学研究室の筒井迪夫先生のところに行って，大学院で林業助成論についてやりたいと話をしましたところ，筒井先生は「いいよ，おいで」といってくれたのです．それで私は，大学院から林政学研究室の所属になったのです．

　所属になったのはいいのですが，筒井先生の専門は，森林法律学とか森林文化論でしたので，私のやりたかった経済学は自分で好きに勉強をしていいということになり，経済学部のゼミに参加して勉強するとか，そういうことを始めるようになったのです．そして私の林政学の勉強が本格的に始まったわけです．そのようにして今日まで，「森林や林業に対して政府が関与する，助成とはどういうことなのかを考えて」きたものが，私の林政学になったわけです．

本書は，「はじめに」に書いたように，毎年行ってきた講義を文字に起こしたものです．その意味で，林政学（多くの大学では森林政策学かもしれません）の教科書であるといっていいでしょう．「講義を聞くのだから，講義と同じ内容では意味がないし，講義と違う内容では教科書でもない」と昔，聞いたことがあります．テープ起こしを素にしているので前者に近いのかもしれませんが，落語の聞き起こしのように意味がないわけではないと思っています．講義で聞き逃したり，聞き間違い（これは話し手の粗相ですが）があるかもしれません．多面的な材料＝メディアで講義を聞くのは無意味とは思いません．

そうした意味で，この本は大学学部の講義（森林政策学など）の教科書として用いられることを想定していますが，講義テープを起こしているので，ライブ感のある講義録でもあります．その意味では，この本は東京大学の農学部でどのような講義が行われているのか，のぞいてみることにもなると思います．

私の講義人生は，北海道大学の経済学部で公共経済学を講じるところから始まっています．だれかの教科書を使えばよかったのかもしれませんが，日本語で公共経済学の講義を受けていなかったこともあって，一から書き起こして講義を行ったのが30年余り前のことになります．本書も，それが下敷きにもなっています．公共経済学を森林・林業・山村を舞台に講じた講義になっているのは，私のこうした履歴が関与しているのかもしれません．

この講義は，農学部の3年生を対象に行ってきました．教養学部で経済学を学んできている学生もいるでしょうが，学んでいない学生もいることを念頭に，特段の基礎知識を知らなくても理解できるように講義を組んできたつもりです．しかし，ミクロ経済学のある意味でゴールである厚生経済学の基本定理を含むかたちに書き上げていますし，その水準をクリアできるように書いたつもりです．そのための工夫も凝らしたつもりですので，スタンダードな経済学を勉強してきている学生，読者の方には経済学をこうした面からみることもできるという発見もあるのではないでしょうか．

なかなか本にまとめるということをしなかった私の尻を叩いて，叩くだけでなく，録音したり，ヴィデオ撮影をしたりして，私の講義を文章に起こしてくれたのは，私の教え子たちです．具体的に名前をあげれば，現在，東大林政学研究室の准教授をしている古井戸宏通君，助教の竹本太郎君，それから筑波大

学で准教授をしている立花敏君,森林総合研究所で研究室長をしている山本伸幸君と久保山裕史君,東大の演習林で講師をしている安村直樹君,国立歴史民俗博物館の准教授の柴崎茂光君です.とくに付録の1と2については,それぞれ竹本太郎助教と古井戸宏通准教授がベースを書いてくれたことは特記しておきたいところです.

　私の座右の銘は「有志者事竟成」ですが,こうして教科書をつくることには,強い志をもってあたっていたわけでないので,この本は教え子たちに恵まれたという天からの賜り物といえるでしょう.もちろん,文章に起こすことを具体的に進めてくれた彼らだけでなく,私の講義を受けてくれた教え子たちがいて,その助けによってこの本ができてきたわけです.ですから,教科書というものは自分の子供たちに捧げるのが慣しだと教科書の鑑ともいうべきサミュエルソンの経済学の教科書にも書いてありましたが,教え子たちに捧げることを私の子供たちも許してくれるでしょう.

主要参考文献（参考書）　★は上級

第1講　世界の森林の現状
FAO．（国際農林業協働協会訳）「世界森林白書　各年版」　＊FAO がほぼ隔年で発行する報告書 The State of the World's Forest が邦訳されており，世界の森林の現状を概観するのに便利．たとえば「2009 年報告」は，http://www.jaicaf.or.jp/fao/publication/shoseki_2010_4.htm で公開されている．

藤森隆郎．2003．新たな森林管理――持続可能な社会に向けて．全国林業改良普及協会，東京．＊森林の態様や機能，施業の仕方等，森林管理のありようを詳述している．

熊崎実．1993．地球環境と森林．全国林業改良普及協会，東京．＊地球史のなかで森林がどう変化してきたか，そして森林減少の要因はなにかを明らかにしている．

メイサー，A．（熊崎実訳）．1992．世界の森林資源．築地書館，東京．＊膨大な資料から世界の森林資源の状態と木材利用についてまとめられている．

ウェストビー，J．（熊崎実訳）．1990．森と人間の歴史．築地書館，東京．＊人々や社会がどのように森林とかかわってきたかを教えてくれる．

★ラートカウ，J．（山縣光晶訳）．2013．木材と文明．築地書館，東京．＊欧州文明の発展が木材（そのもととなる森林）を基軸としたものだったことを膨大な資料により明らかにしている．

第2講　熱帯林減少のメカニズム
坂本美南・永田信・古井戸宏通・竹本太郎．2014．森林面積の推移に関する研究動向――Forest Transition 仮説を中心に．林業経済，67（1）：1-16．＊森林面積が減少から増加に転じる Forest Transition に関する研究の整理と考察を行っている．

井上真編．2003．アジアにおける森林の消失と保全．中央法規，東京．＊アジアにおける森林消失の構造をグローバルな議論とローカルな現場の実態に基づいて解明し，保全策への資料を提供している．

柿澤宏昭・山根正伸．2003．ロシア――森林大国の内実．日本林業調査会，東京．＊ロシアの森林政策，環境保護政策，森林管理，林産業の展開を，統計資料・文献資料・実態調査に基づいて包括的に明らかにしている．

永田信・岡裕泰・井上真．1994．森林資源の利用と再生――経済の論理と自然の論理．農山漁村文化協会，東京．＊既発展国・発展途上国のそれぞれにおいて，長期的にみた場合，一定の条件下で森林面積が減少から増加に転じるという「U 字型仮説」を提唱した先駆的文献．

★原田一宏．2011．熱帯林の紛争管理――保護と利用の対立を超えて．原人舎，東京．＊政府と地域住民の対立の構造をフィールドワークにより明らかにし，両者の共生

のあり方を検討している．
★島本美保子．2010．森林の持続可能性と国際貿易．岩波書店，東京．＊木材貿易の自由化が世界の森林の持続可能性に与える影響をマクロ経済モデルにより検証している．
★関良基．2005．複雑適応性における熱帯林の再生．お茶の水書房，東京．＊熱帯林の住民たちの市場・制度・自然破壊への動態的な適応プロセスの実態を明らかにしている．
★井上真．1995．焼畑と熱帯林――カリマンタンの伝統的焼畑システムの変容．弘文堂，東京．＊焼畑農業の変容と熱帯林消失との関係についてカリマンタンを対象に実証している．
★Repetto, R. and Gillis, M. (eds.). 1988. Public Policies and the Misuse of Forest Resources. Cambridge University Press, Cambridge (US). ＊非持続可能な森林資源の利用と公共政策との関係を実証的に明らかにしている．

第3講　日本の森林所有の形成

永田信．2012．世界と日本の森林・林業（遠藤日雄編著：改訂　現代森林政策学）pp. 19-30．日本林業調査会，東京．＊世界の森林の現況について振り返るとともに日本の森林の状況を森林所有の形成に関連づけて説明している．
水本邦彦．2003．草山の語る近世．山川出版社，東京．＊現在は森林に覆われている山の大部分が近世では草山であり，その利用が金肥の導入で変容したことを実証．
鬼頭宏．2000．人口から読む日本の歴史．講談社学術文庫，東京．＊各種史料を駆使して人口の長期的変遷をみるとともにその増減要因を探っている．
丹羽邦男．1989．土地問題の起源――村と自然と明治維新．平凡社，東京．＊近代的土地所有制度の導入にともなってそれまでの土地と人間との関係が変化することを実証的に解説したもの．
島崎藤村．1932．夜明け前．新潮社，東京．＊木曽山の管理をめぐる尾張藩と地元との関係が近世からの移行期に急変する様子を描いている．
★竹本太郎．2009．学校林の研究――森と教育をめぐる共同関係の軌跡．農山漁村文化協会，東京．＊部落有林野と町村有林野の中間領域に設置され，また愛林日や植林運動の場となった学校林の歴史と現在を詳述．
★戒能通孝．1964．小繋事件――三代にわたる入会権紛争．岩波書店，東京．＊岩手県の寒村における入会権訴訟を農民の立場から追跡している．
★川島武宜・潮見俊隆・渡辺洋三．1959．入会権の解体　Ⅰ．岩波書店，東京．＊法社会学の見地から入会林野の利用形態とその変遷を理論的・実証的に論じている．

第4講　明治以降の経済と森林

半田良一編．1990．林政学．文永堂出版，東京．＊現代林政学の代表的テキスト．林業と森林双方への幅広い目配りは秀逸．

筒井迪夫編．1983．林政学．地球社，東京．＊戦後初の林学講義シリーズの1冊．思想，経営，労働，市場，環境の重要5課題に焦点．

南亮進．1981．日本の経済発展．東洋経済新報社，東京．＊「転換点」論争の第一人者による日本経済発展論．

第5講 日本の木材需要・第6講 日本の木材供給

林野庁．各年版．森林・林業白書．全国林業改良普及協会，東京．＊森林・林業にかかわる最新の動向を把握できる．詳細な目次は概観に適している．

森林総合研究所．2012．改訂 森林・林業・木材産業の将来予測．日本林業調査会，東京．＊予測期間を2030年まで延長したうえに，木質建材，木造住宅着工数等の将来予測が加わって，初版の内容がより充実している．

森林総合研究所．2006．森林・林業・木材産業の将来予測．日本林業調査会，東京．＊木材需給のほか，森林資源や山村人口，労働生産性等の将来も予測して，日本林業の将来ビジョンを描いている．

Blandon, P. R. 1999. Japan and World Timber Markets. CABI, Oxfordshire (UK). ＊日本と世界の木材需給を解説し，木材需給・自給率を計量経済学的に長期予測している．

黒田洋一・ネクトゥー，F. 1989．熱帯林破壊と日本の木材貿易．築地書館，東京．＊日本の熱帯木材貿易の構造を詳説し，長期的な熱帯林の保全と持続的な利用のために日本がとるべき行動を提言している．

★熊崎実．1967．林業発展の量的側面——林業産出高の計測と分析（1879〜1963）．林業試験場研究報告，201: 1-174. http://www.ffpri.affrc.go.jp/labs/kanko/201-1.pdf
＊明治期から戦争を挟む長期間に及ぶ林業の動態分析．分析手法とともに戦前の需給の様子も把握できる．

第7講 市場経済システムと効率性

奥野正寛・鈴村興太郎．1988．ミクロ経済学2．岩波書店，東京．＊ミクロ経済学の代表的な教科書のひとつ．学部生向け．

★フェルドマン，A. M.・セラーノ，R.（飯島大邦・川島康男・福住多一訳）．2009．厚生経済学と社会選択論（原書第2版）．シーエーピー出版，東京．＊厚生経済学の基礎から始まり，ロールズ基準や，アローの不可能性定理などを幅広く紹介．

★Varian, H. R. 1992. Microeconomic Analysis 3rd edition. W. W. Norton & Company, New York. ＊数学をベースに明確に解説したミクロ経済学の代表的な教科書．旧版については訳本もあるが，原書を読んでほしい．

★青木昌彦．1977．経済体制論 第1巻 経済学的基礎．東洋経済新報社，東京．＊経済体制論の古典というべき書籍．全4巻だがまずこの一冊．

第8講　市場と社会的厚生

《ミクロ経済学，公共経済学，環境経済学の日本語で読める標準的なテキスト》

マンキュー, N. G. 2013. 経済学（ミクロ編). 東洋経済新報社, 東京. ＊ミクロ経済学に関する現在の基礎レベルの標準的教科書のひとつ.

スティグリッツ, J. E. 2004. 公共経済学（下). 東洋経済新報社, 東京. ＊ノーベル経済学賞受賞者執筆の公共経済学に関する定番教科書.

スティグリッツ, J. E. 2003. 公共経済学（上). 東洋経済新報社, 東京.

植田和弘. 1996. 環境経済学. 岩波書店, 東京. ＊日本における環境経済学の第一人者による定番教科書.

エデル, M.（南部鶴彦訳). 1981. 環境の経済学. 東洋経済新報社, 東京. ＊環境経済学の古典的な教科書.

《森林関連》

熊崎実. 1977. 森林の利用と環境保全――森林政策の基礎理念. 日本林業技術協会, 東京. ＊新古典派経済学による森林利用問題解明の日本における到達点.

筒井迪夫編. 1976. 社会開発と林業財政. 宗文館書店, 東京. ＊環境保全のための林業財政論を論じた良書. 著者も分担執筆.

★赤尾健一. 1993. 森林経済分析の基礎理論. 京都大学農学部, 京都. ＊森林・林業を対象としたミクロ経済学分析のための基礎理論.

第9講　森林の多面的機能と経済評価

永田信. 2007. 社会的共通資本としての森林（佐々木恵彦・木平勇吉・鈴木和夫編. 森林科学) pp. 236-249. 文永堂, 東京.

ディクソン, J.・カーペンター, R.・スクーラ, R. S.・シャーマン, P.（環境経済評価研究会訳). 1998. 新・環境はいくらか. 築地書館, 東京. ＊事例や実証研究を豊富に含めてわかりやすく議論した環境経済学の入門書.

小池浩一郎・藤崎成昭. 1997. 森林資源勘定――北欧の経験・アジアの試み. アジア経済研究所, 東京. ＊貨幣的に換算して自然資源（環境）の価値を推定するのではなく，モノや金の流れを把握しようとする資源勘定の研究を紹介.

★出村克彦・山本康貴・吉田謙太郎. 2008. 農業環境の経済評価――多面的機能・環境勘定・エコロジー. 北海道大学出版会, 札幌. ＊農業環境に関して，貨幣評価手法のみならず，LCA，環境会計などさまざまな手法を紹介.

★ボードマン, A. E.・グリーンバーグ, D. H.・ヴァイニング, A. R.・ワイマー, D. L.（出口亨・小滝日出彦・阿部俊彦訳). 2004. 費用・便益分析――公共プロジェクトの評価手法の理論と実践. ピアソン・エデュケーション, 東京. ＊費用便益分析をより深く学ぶためにおすすめの一冊. 事例研究も豊富.

★Daniel W. Bromley. 1995. The Handbook of Environmental Economics. Wiley-Blackwell, Hoboken. ＊環境経済学に関する英文の入門書で，海外の大学院などでも利用されてきた.

第10講 公共財供給の最適条件

石倉智樹・横松宗太．2013．公共事業評価のための経済学．コロナ社，東京．　＊社会基盤政策と経済学，公共プロジェクトの必要性や経済評価の指標，費用便益分析の基礎，実践と応用，国民経済計算と産業連関分析について幅広く叙述．

岡敏弘．2006．環境経済学．岩波テキストブックス S，東京．　＊現代の環境問題を既存の経済学はどのようにとらえているのかについて解説．

浅野耕太．1998．農林業と環境評価——外部経済効果の理論と計測手法．多賀出版，東京．　＊農林業はもとより，環境評価手法理論の入門テキスト．

ボンジョルノ，J.・ギリス，J. K.（岡裕泰・黒川泰亨監訳）．1997．森林経営と経済学．日本林業調査会，東京．(Joseph Buongiorno and J. Keith Gilles. 1987. Forest Management and Economics: A Primer in Quantitative Methods. Macmillan, New York.)　＊森林経営の方法を数理的に分析したアメリカのテキストの邦訳．具体例を交えて体系づけられ，入門書として最適．

ヨハンソン，P.-O.（關哲雄訳）．1995．現代厚生経済学入門．勁草書房，東京．(Per-Olov Johansson. 1991. An Introduction to Modern Welfare Economics. Cambridge University Press, Cambridge.)　＊厚生経済学における伝統的な研究成果から最新の研究領域までカバーする入門書．

ヨハンソン，P.-O.（嘉田良平監訳）．1994．環境評価の経済学．多賀出版，東京．　＊環境便益を評価するための経済理論の本格的なレビューならびに，環境便益の計測手法について詳述．

★カールステン・シュターマー．(良永康平訳)．2000．環境の経済計算——ドイツにおける新展開．ミネルヴァ書房，京都．　＊「環境貸借対照表」を提唱し，環境問題をいかに経済統計に反映させるのか，環境先進国ドイツの事例について解説．

★Johansson, P.-O. and Löfgren, K.-G. 1985. The Economics of Forestry and Natural Resources. Blackwell, Oxford.　＊ファウストマン式等の経済理論を駆使して，天然林採取林業，人工林の最適伐期，森林経営の動学分析，木材の需給分析等の林業経済学の主要なテーマについて包括的に解説．

第11講 コースの定理と森林法制

成田頼明．2001．[新]基本法を読む(8)——森林・林業基本法．書斎の窓，510: 表Ⅱ．＊「森林・林業基本法」についての法学者による解説．

宮沢健一．1978．現代経済の制度的機構．岩波書店，東京．　＊「法と経済学」の考え方を紹介した日本における草分け的な著作．コースの定理の余剰図をコンパクトにまとめている．

辻村江太郎．1977．経済政策論第2版．筑摩書房，東京．　＊所得分配の異なるパレート最適点の集合を示す「エッジワースの箱」の図解が面白い．

★塩野宏．2008．基本法について．日本學士院紀要，63 (1): 1–33. http://ci.nii.ac.jp/naid/110006828963　＊日本や東アジアの法令体系に特徴的な各種「基本法」の内容

を検討し，日本におけるその意義を批判的に論じている．

その他・全般

熊谷尚夫編集代表．1980．経済学大辞典第2版 (I) (II) (III)．東洋経済新報社，東京．
＊経済学の幅広い分野を網羅し，それぞれについて，当該分野の専門家が学説史を踏まえて解説した文字どおりの大辞典．第3版の刊行が待たれて久しいが，入門的意義をいささかも失っていない．

引用文献

第1講　世界の森林の現状
井出雄二・大河内勇．2014．教養としての森林学．文永堂出版，東京．
吉良竜夫．1971．生態学からみた自然．河出書房新社，東京．
吉良竜夫．1983．熱帯林の生態．人文書院，京都．

第2講　熱帯林減少のメカニズム
井上真．1992．森林利用様式の特徴に基づく熱帯林保全の基本方針．森林文化研究，13: 27–32.

第3講　日本の森林所有の形成
大橋邦夫．1992．公有林における利用問題と経営展開に関する研究 (2)——山梨県有林の経営展開．東京大学農学部演習林報告，87: 1–87.

第4講　明治以降の経済と森林
Fei, J.C.H. and Ranis, G. 1964. Development of the Labor Surplus Economy: Theory and Policy. R. D. Irwin, Homewood.

第9講　森林の多面的機能と経済評価
永田信・柴崎茂光・栗山浩一．2000．環境価値評価とは．（栗山浩一・北畠能房・大島康行編：世界遺産の経済学——屋久島の環境価値とその評価）pp. 17–39．勁草書房，東京．

第10講　公共財供給の最適条件
Samuelson, P. A. 1954. The pure theory of public expenditure. Review of Economics and Statistics, 36 (4): 387–389.

第11講　コースの定理と森林法制
ポリンスキー，A. M.（原田博夫・中島巌訳）．1986．入門　法と経済——効率的法システムの決定．CBS出版，東京．

引用された統計・逐次刊行物類
FAO「世界森林資源評価2010」（国際農林業協働協会訳）．http://www.jaicaf.or.jp/fao/publication/shoseki_2010_3.htm
内閣府「国民経済計算（GDP統計）」「国民経済計算確報」
農林水産省図書館「農商務統計表・農林省統計表・農林水産省統計表」．http://www.library.maff.go.jp/library/list_01-3.htm
林野庁編『森林・林業統計要覧』下記URLに公開，2014．http://www.rinya.maff.go.jp/j/kikaku/toukei/youran_mokuzi.html
林野庁「木材需給表」

林野庁「森林資源現況調査」下記 URL に公開．http://www.rinya.maff.go.jp/j/keikaku/genkyou/index1.html
森林・林業白書　各年版
総務省「人口推計」（各年 10 月 1 日現在の確定値を用いた）
総務省統計局「国勢調査」

【付録1】 森林・林業にかかわるアクター

　現在（2015年時点）の森林・林業にかかわるアクターを図示してみた．まず図の上部にある森林所有者は，林家などの個人，生産森林組合や財産区などかつての入会由来の組織，市町村，都道府県，国など多岐にわたる．一般的に集落に近い森林は林家などの個人や入会由来の組織，市町村の所有が多く，奥山は国有林になっている．

　次に森林の管理・経営に携わる民間主体として，造林・育林業者，伐採し造材する素材生産業者，治山・林道施工業者，特用林産業者，搬出業者などがあげられる．森林組合とその作業班はこれらすべてを担いうるもっとも重要な主体である．一方，林家の多くは小規模零細で，林業不振と過疎高齢化のもとで，管理・経営に携わる意欲を失っている．森林所有者の立木は，伐木，造材されて素材（原木丸太のこと）となり，原木市場や，森林組合や都道府県森林組合連合会（県森連）が経営する木材センター・共販所に運ばれて販売される．

　次に公的な主体をみると，国有林は林野庁および森林管理署が担い，民有林は都道府県林務課とその支所である農林振興センターなどと，市町村林務担当部署が担っている．これら主体は互いに連携をとりつつ，補助金や指導・普及によって管理・経営にかかわる．また行政の施策が，全国森林組合連合会（全森連）から県森連，さらに個別の森林組合へと伝えられていく．森林組合は，先に述べたように森林所有者の協同組合的な性格を有するものであるが，一方で，補助金や指導・普及を通じて行政の下請け機関としての性格も備えているのである．

　林産業にとっては，森林の管理・経営によって生産される素材までが「川上」となる．図の下部に示す「川下」は素材の品質によって大きく3つに分かれる．製材品を挽くためのA材は製材工場に，集成材や合板をつくるためのB材は製材工場や合板工場に，紙パルプや燃料になるC材はチップ工場に流れていく．その後，住宅をはじめとするさまざまなかたちで消費者に届くことになる．

　なお，広義には，このほか他省庁関連行政機関や種々のNPOなどが，利害関係者としてかかわっている．

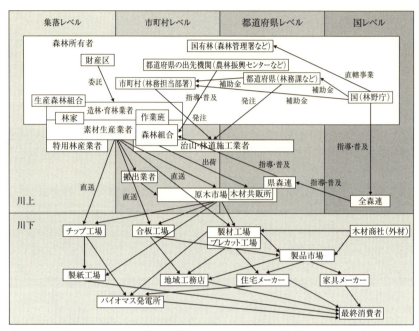

出典：竹本太郎．2013．森林・林業とその再生（小田切徳美編．2013．農山村再生に挑む――理論から実践まで）p. 136．農山漁村文化協会，東京より作成．

【付録2】 林政学のための情報活用法

　林政分野の統計資料については，すでにいくつかの教科書的文献がある．しかし，残念ながら，すでに学んだように，森林が日本の国土面積の3分の2を占めるにもかかわらず，日本のGDPに占める林業生産額が1％に満たず，森林管理活動も低調であるといったごく一面的かつ短期的な指標に依拠した統計行政の方針により，林業統計は縮小の一途にあり，関連統計の一覧や各統計に含まれる統計項目は流動的である．文献資料に目を転じると，オンライン情報は常に拡充され，逆の意味で流動的であり[1]，最新情報は刻々と変化する．

　ここでは基本的な情報と，その活用方法について簡単に整理するにとどめたい．

1. 林政関係資料にはどのようなものがあるか

　書誌・文献解題，辞典類・年表，定期刊行物，統計書，図書，報告書などのそれぞれについて，紙媒体の情報とデジタル化・オンライン化の進んだ情報とがある．

（1）書誌・文献解題

　戦前においては林業試験場（現・森林総合研究所）により林学雑誌記事目録が作成され[2]，1960年代においては林野資料館（現・国立国会図書館林野庁分館）により，戦後林野庁が作成した林業関係報告書の目録が作成された[3]．前者はオンラインデータベースfolis（1978～，森林総合研究所）に引き継がれ，後者は東京大学林政学研究室によるFPAプロジェクト[4]により継承されている．林政分野のもっとも重要な学術雑誌は『林業経済』『林業経済研究』の2誌であるが，戦前までさかのぼることのできる『日本森林学会誌（林学会雑誌）』も重要である．これら3誌はすべてウェブ上でかなりのコンテンツが公開されており，リストと本文の多くがCiNii（国立情報学研究所による論文検索システム）で検索・閲覧可能である．文献解題は，単なる文献リストではなく，専門家による位置づけや比較を含んでいるのが特徴で，入

---

1) もちろん，統計情報のオンライン化も進んでいるが，データソースである政府統計そのものが縮小している以上，オンライン化への過度の期待は禁物である．統計項目の簡略化や概念改訂によって，時系列分析がむずかしくなり接続推計が必要とされる場合も少なくない．
2) 農商務省林業試験場編（1925, 1930）『林業林學ニ關スル論文及著書分類目録』，大日本山林會発行．
3) 林野資料館（1967）『林業関係実態調査報告書　地域別・発行所別目録（昭和22～41年）』．
4) 東京大学Opacウェブサイトの「詳細検索」画面で，「検索条件」のプルダウンから「請求記号」を選び，"FPA"と入力すると，農学部図書館が所蔵している林政関係報告書類がリストアップされる．日本語表示が可能なすべてのインターネット接続端末から利用できる．

門的価値が高く，農業経済分野では豊富に存在する．林政分野では，森巌夫が1980年代に「昭和後期農業問題論集」の一環である「林業経済論」のなかで記したものがながらく例外的存在であった．その後，林業経済学会が設立50周年を記念して『林業経済研究の論点——50年の歩みから』（日本林業調査会，2006年）を出版するにいたり，これが林政分野の解題として金字塔的存在となっている．

（2）辞典類・年表

林政分野のみを対象とした辞典は存在しないが，林学・森林学・森林科学についての辞典・事典類は多数存在する．年表としては，香田徹也の『日本近代林政年表増補版——1867-2009』（日本林業調査会，2011年）が特筆すべき存在である．かつて山村で用いられていた言葉を集めた柳田国男・倉田一郎『分類山村語彙』（信濃教育会，1941年）も貴重な存在である[5]．このほか都道府県別に刊行されている「角川日本地名大辞典」シリーズが，地域調査を行う際に有用である[6]．その後の市町村合併の経緯については，別の文献やウェブ情報で補う必要がある．

（3）定期刊行物

『日本林業年鑑』（1950〜1990年）が当該年度の林野庁関連事業の解説書であり，各事業の事業量や事業額までもが詳述されていた．廃刊が惜しまれる．『林業白書』[7]は，業務資料を駆使した行政記録であり資料的価値をもつ．当該年度の林業情勢，林政施策およびトピックを政治家や国民向けに概説する内容である．国連食糧農業機関（UN/FAO）によりほぼ隔年で公表されている "State of the World's Forest" は，その一部が国際農林業協働協会（JAICAF）により『世界森林白書』として邦訳されている．

（4）統計書

林野庁業務統計を含む各種統計資料を集成した『森林・林業統計要覧』はハンドブックとして便利だが，あくまで基礎的な一次統計への入口と考えるのがよいだろう．統計数値は，どのような統計調査によって生み出されたかを熟知して用いないと危険である．こうした問題を熟知した経済統計の専門家により編纂された「長期

---

[5] 『大日本山林會報』に柳田国男が「山村語彙」として連載した記事をもとに，読者からの反応を加味して全国山村の方言を集大成したもの．関岡東生監修『森林総合科学用語辞典』東京農大出版会，2015年は同書を参照して編まれている．樹木名に限れば，倉田悟『日本主要樹木名方言集』地球出版，1963年がある．

[6] 司馬遼太郎の『街道をゆく』シリーズなどの紀行文学，「岩波写真文庫」シリーズや，「写真ものがたり　昭和の暮らし」シリーズ（農文協）などの写真集，「新日本紀行」や民族文化映像研究所制作の映像資料なども，地域調査において有用である．

[7] 1964年の林業基本法により毎年国会に提出が義務づけられている（2001年度より『森林・林業白書』）．基本法制定以前は『経済白書』のなかに林業の記述があった．

経済統計 LTES」の第 9 巻『農林業』(東洋経済新報社,1966 年)を忘れてはならない.同書の林業部分は,実質的な担当者であった熊崎実により,「林業発展の量的側面」(『林試研報』201,1967 年)としてまとめられており,この論文がウェブ上で入手できるのはありがたい.森林・林業・林産業分野の生産・加工・流通を分析する場合,川上(林業)や川中(製材業)は主として農林水産省統計部,川下(合板,パルプなど)は経済産業省調査統計部,木材貿易は財務省(貿易統計),など所管省庁が異なるので注意が必要である[8].家計による木炭消費など,消費側の統計は一般に脆弱であり,ごく限られた項目に偏っている[9].

(5)図書

もっとも重要だが,紙幅の関係上ごく簡単に触れる.上記『林業経済研究の論点』には,解題のみならず主要文献の一覧や全文も含まれており,ウェブ検索の最大の弱点である分担執筆論文をもカバーしている[10].ライフワーク的な単著の場合,著者の過去の論文がまとめられている場合がしばしばあり,林政学のような社系分野においては,各論文の位置づけや全体を通しての分析視角に関する序章がおかれていたり,著者自身による加筆訂正が行われていたりするので,ウェブで入手し興味をもった論文については,同じ著者によるその後の著作物を調べることを強くお勧めしたい.

(6)報告書

林野庁などの行政機関が,特定のテーマを自ら,ないし専門家に委託して,調査したもの.少なくとも,当時の行政機関により活用されたはずであるが,研究者にとっても価値が高いものが多い.その一部は執筆者自身が著作のなかで公表するケースもあるが,日の目をみぬまま埋もれてしまい,その存在すら不明になっているケースも少なくない.先述の FPA プロジェクトはこうした報告書の存在を公開する意義をもつ.

---

8) 総務省統計局が日本標準産業分類など全体的調整をする.国民経済計算は経産省(旧・経済企画庁)の所管である.この 2 つを除き,日本は各省庁の権限が強い「分査的」統計行政組織を採用している.

9) 一例として,2008 年に,浜松市が「餃子の 1 世帯あたり消費額」の全国 2 位に躍り出て,翌年,1 位の宇都宮市と僅差でほぼ並んだと喧伝されたことがある.それは単に浜松市が 2007 年に政令指定都市になり,県庁所在市・政令指定都市以外の市町村では消費統計調査(家計調査)の対象とはならない品目「ぎょうざ」が調査対象となったことにより,データが比較可能なかたちで公表された結果にすぎない.

10) 東京大学林政学研究室において著者の先代の教授であった故・福島康記は,多くの分担執筆や雑誌論文を残しつつ,単著を残さなかった.研究室では,福島の諸著作を東京大学レポジトリに登録し,ウェブ上に「福島文庫」を構築し,全文閲覧を可能とした.研究室ブログ「今日の森林」2014 年 4 月 16 日付(http://rinsei-lab.blog.so-net.ne.jp/2014-04-16)に参照用リンクが掲載されている.

2. 林政関係資料はどこにあるか

すべての資料が所蔵機関ごとに書誌登録されているとは限らない．また書誌検索を行うためにも，所蔵機関を知ることは重要である．大学の場合，組織再編や関連諸分野との融合もあって，「林政学研究室」という看板を掲げている大学はごく少数になったが，主として農学系の図書館や研究室に所蔵されている．書誌登録されていれば，日本の大学蔵書の横断検索は比較的容易である．日本最大の林学研究機関である森林総合研究所には多くの重要文献が網羅されている．農林水産省図書館，林野庁図書館には，行政関係の資料が存在する．林野庁所管の財団法人であった林政総合調査研究所の蔵書・報告書類のほとんどは，一般財団法人林業経済研究所に移管された．大日本山林会小林記念林業文献センターには，戦後林野行政の一次資料が豊富に存在する．地方公共団体，とくに都道府県の林政関係部局の刊行物は，担当部局のほか，各県庁の情報資料関係部局，各県の図書館にも存在することがある．担当部局の名称は都道府県によって異なるので注意が必要である．市町村については，あらゆる資料について合併の影響が無視できない．このほか，国際機関(UN/FAO, WRI など)，外国の政府機関・NPO等(WWF等)，森林を所有する法人・NPO等，森林を所有しない市民団体等がある．民間団体の場合，一部上場企業を除き，経営資料などは非公開である場合が多い．公的団体の場合も，いわゆる個人情報への配慮を明確にしたうえで資料提供をお願いする必要がある．

ウェブ上の資料については，すでに若干触れてきたが，技術的な点について，節をあらためて述べる．

3. オンライン情報の調べ方

書誌については，「1 (1)」で述べたもののほか，都道府県図書館のOpac検索，諸大学の機関レポジトリ[11]，古書店の蔵書検索などがある．古書店には郷土史家の自費出版など，国立国会図書館にも所蔵されていない稀覯書が出る可能性があり，油断ならない．辞典類としては，wikipediaをあげておくが，林政分野の記述は概して雑駁で誤りを含むと考えたほうがよい．白書類は，現時点で過去にさかのぼってすべては閲覧できない．統計類は，エクセルファイルがダウンロードできる場合もあるので，威力を発揮する．

このほか，いくつか留意点を述べる．

ウェブ上では非公開または有料ながら，大学図書館等では無料で閲覧できるコンテンツがある (新聞記事データベースなど)．メールマガジンやSNSも活用したい．

---

11) 将来的にはすべてCiNiiからリンクされることになるだろう．

代表的なメールマガジンに，J-FIC，林業ニュースなどがある．facebook 上には「日本の林業」「forest researchers' cafe」などのグループがある．

最後に google 検索におけるちょっとした tips を例示する．

都道府県公式サイトのみを対象とする検索："検索語 inurl:pref"　※検索語の例「木の駅」

著作権の切れた日本文学の全文検索："検索語 inurl:aozora"　※検索語の例「杣」

4. まとめ──用語・概念の重要性

統計を利用したり，ウェブ検索をしたりする前に，用語や概念を押さえておく必要がある[12]．

用語や概念を知るには，迂遠ながら，図書館を歩くことが第一である．一例として「環境経済学」の配架は「工学」の棚と「経済学」の棚に分かれていて面倒だが，フィジカルな棚には関連書が並んでおり，連想力を高めてくれる．リアルな本棚を知っていればこそ，ヴァーチャルなウェブ資源を効果的に用いることができる．社系書を得意とする古書店を歩くのもよい．古書店主は分類のプロであり，専門家が探しやすいように配架することが売り上げに直結するからである．

解題や対談・座談会記事を読み，林業経済学会などの学術的コミュニティに参加するのも重要である．議論のなかに明晰で得心のいく立論をみつけたらしめたもの，その論者の発言や著作を通じて，同旨，ないしは対立する語法や論理の意味を探ることができるかもしれない．用語・概念，さらには学問の枠組みを知るための入口にもなるといえよう．

読者はすでに，林政学が境界領域であることを了解していよう．一般に，用語・概念は学問領域によって異なる[13]．そのような用語を機械的に検索すれば，多くの情報のなかで，混乱するかもしれない．

読者諸君は，この「付録2」で述べてきたような基本的な資料を丁寧に読み，「わからない」ときには，まず辞典類を参照し，ほかの文献資料や根拠となる統計資料にあたり，なぜ「わからない」のかを考えてほしい．矛盾・対立する情報に突き当たることも多かろう．その場合，安易に一方をとり他方をすてるのではなく，矛盾・対立と向き合いその理由を考え，悩んでほしい．これこそ立論のチャンスである．

---

12) 上級者向けに例をあげると，「森林組合」の戦前と戦後の違い，2015年8月現在「森林総研」が統計上「森林所有者」に含まれている理由，日本の「公有林」と米国の "public forest" との異同，など．

13) 読者が大学院レベルの研究を目指すのであれば，用語の起源（できれば原語）までさかのぼり，学問領域による用法の異同を理解し，自分の論文のなかでは断り書きを入れたうえで，これを用いることをお勧めする．

こうした地道な過程を経て情報を活用し，「論」に高めるためのたゆまぬ努力は，必ずや報われると信じてやまない．

【付録3】 主要事項年表

年		本文に直接記述されている林政関係事項	本文に記載されている社会経済・周辺関連政策事項	森林・林業関係関連重要事項
1869	明治2		版籍奉還	
1873	明治6	地租改正（地券の発行）		
1874	明治7	林野の官民有区分始まる		林野の官民有区分始まる
1881	明治14	山梨県：官民有区分終了		
1888	明治21	市制・町村制		
1895	明治28			狩猟法（現：鳥獣の保護及び狩猟の適正化に関する法律）制定
1897	明治30	第一次森林法 ――営林監督制度 ――保安林制度		森林法制定，保安林制度創設
1899	明治32	国有土地森林原野下戻法		国有林施業案編成規程公布
1907	明治40	第二次森林法 ――森林組合制度の導入		
1915	大正4			国有林　山林局長通牒により保護林制度創設
1920	大正9	公有林野官行造林法		
1929	昭和4		世界恐慌	林学会春季大会で，現行保安林制度批判（風致・保健保安林分離論など）
1938	昭和13			用材伐採材積（立木）2,200万m^3（～1938年：3年間平均）
1939	昭和14	森林法改正 ――森林組合の強制設立・強制加入 ――施業案制度		

年		本文に直接記述されている林政関係事項	本文に記載されている社会経済・周辺関連政策事項	森林・林業関係関連重要事項
1941	昭和16			用材伐採材積（立木）3,600万m³（～1944年：5年間平均）
1945	昭和20	世界：FAO創設	戦後復興期（～1954年）	用材伐採材積（立木）2,600万m³／人工造林面積4.7万ha 森林資源造成法（証券造林を規定） 住宅不足数420万戸（内務省）
1946	昭和21		臨時物資需給調整法 自作農創設特別措置法／農地調整法	用材伐採材積（立木）3,000万m³／人工造林面積4.7万ha 強行造林5カ年計画（271万ha）
1947	昭和22	林政統一		用材伐採材積（立木）2,700万m³／人工造林面積8.6千ha 林政統一 国有林 独立採算方式の企業特別会計制度
1948	昭和23			用材伐採材積（立木）2,900万m³／人工造林面積10.2万ha 証券造林を補助造林に一本化
1949	昭和24		不必要な物資の統制撤廃に関する件（経済安定本部）	用材伐採材積（立木）2,600万m³／人工造林面積19.4万ha 森林資源造成法（証券造林を規定） 住宅不足数420万戸（内務省）
1950	昭和25		配給統制の撤廃	用材伐採材積（立木）3,400万m³／人工造林面積30.6万ha 世帯数1,658万戸（国勢調査）
1951	昭和26	第三次森林法 ――森林計画制度		用材伐採材積（立木）4,700万m³／人工造林面積32.3万ha（造林未済地87.6万haとなる）／保安林面積241万ha
1953	昭和28	市町村合併法（昭和の大合併～1961年）		

【付録3】 主要事項年表　159

年		本文に直接記述されている林政関係事項	本文に記載されている社会経済・周辺関連政策事項	森林・林業関係関連重要事項
1955	昭和30		高度経済成長期（～1973年）	木材総需給量6,500万m³（うち国産材6,300万m³） 人工造林の進展（35～42万ha，1970年まで） 林業就業者数51.9万人（国勢調査）
1956	昭和31		経済白書，経済成長を展望	
1957	昭和32		自然公園法（国立公園法を廃止）	国有林生産力増強計画
1958	昭和33			拡大造林への助成開始
1959	昭和34	農林漁業基本問題調査会を設置		
1960	昭和35			林業就業者数45.4万人
1961	昭和36	木材価格安定緊急対策：「国有林木材増産計画」	農業基本法制定	
1962	昭和37			サンプリング方式による最初の森林資源調査（森林面積2,500万ha：無立木地6%，人工林28%，天然林65%）
1964	昭和39	林業基本法制定：白書，審議会，基本計画		林業基本法制定
1965	昭和40			林業就業者数26.1万人
1966	昭和41	入会林野近代化法		入会林野近代化法
1968	昭和43	森林施業計画制度の導入（森林法改正）		国有林　自然休養林取扱要領の制定
1970	昭和45			国有林　屋久杉保護対策を強化 造林面積：再造林5万ha，拡大造林30万ha
1971	昭和46		7月　環境庁発足	

年		本文に直接記述されている林政関係事項	本文に記載されている社会経済・周辺関連政策事項	森林・林業関係関連重要事項
1972	昭和 47		自然環境保全法制定	林政審答申（公益的機能重視）「国有林野における新たな森林施業」を通達〈※1973 年か?〉
1973	昭和 48		11 月　第一次オイルショック	木材総需給量 1 億 2,100 万 m³（うち国産材 4,500 万 m³）保安林面積 520 万 ha 国有林「レクリエーションの森」制度創設
1974	昭和 49	森林法改正 ——4 整備目標 ——林地開発許可制度	中位成長期（～1991 年）	森林法改正 国有林：赤字 134 億円
1975	昭和 50			木材総需給量 9,900 万 m³ 保安林面積 702 万 ha 林業就業者数 17.9 万人
1976	昭和 51			森林面積：人工林 37%，天然林 65% 国有林：造林事業に財投融資 400 億円
1978	昭和 53	森林組合法（森林法から分離独立）		国有林野事業改善特別措置法 森林組合法（森林法から分離独立）
1979	昭和 54		第二次オイルショック	木材総需給量 1 億 1,300 万 m³
1980	昭和 55	FRA 1980		
1982	昭和 57			木材総需給量 9,000 万 m³
1987	昭和 62			森林空間総合利用事業（ヒューマン・グリーン・プラン）について通達
1989	平成 1			保護林制度改定（森林生態系保護地域制度）
1990	平成 2	FRA 1990 林業山村活性化林構事業開始		木材総需給量 1 億 1,400 万 m³ 林業就業者数 10.8 万人

【付録3】 主要事項年表

年		本文に直接記述されている林政関係事項	本文に記載されている社会経済・周辺関連政策事項	森林・林業関係関連重要事項
1991	平成3			国有林野経営規程改定（機能類型区分の導入） 市町村森林整備計画制度の創設 造林面積：再造林2万ha，拡大造林4万ha 国産材自給率26% 保安林面積830万ha
1992	平成4		低成長期（～現在?）	
1996	平成8	経営基盤強化林構事業開始		
1998	平成10			国有林野事業の抜本的改革（公益的機能発揮を旨とする管理経営に転換）
1999	平成11		食料・農業・農村基本法制定	国有林「緑の回廊」設定開始
2000	平成12	FRA 2000 地域林業経営確立林構事業開始		
2001	平成13	森林・林業基本法制定（林業基本法改正）	水産基本法制定 環境省設置	森林・林業基本法制定（林業基本法改正） ——団共の「一般化」 ——3区分ゾーニング
2002	平成14	林業・木材産業構造改善事業開始		国産材供給が底（自給率19%），以後増勢に転じる
2004	平成16			赤谷プロジェクト（上信越高原国立公園）の開始
2005	平成17	強い林業・木材産業づくり交付金制度 FRA 2005	「人口静止期」に	地球温暖化防止森林吸収源10カ年対策改定 レクリエーションの森を対象としたROS導入
2008	平成20	森林・林業・木材産業づくり交付金制度		

年		本文に直接記述されている林政関係事項	本文に記載されている社会経済・周辺関連政策事項	森林・林業関係関連重要事項
2009	平成 21			森林・林業再生プラン公表 ――市町村森林整備計画のマスタープラン化 ――森林経営計画により森林施業計画を代替 ――「提案型施業集約プラン」の潮流を継承
2010	平成 22	FRA 2010		木材総需給量 7,200 万 m³（うち国産材 1,900 万 m³） 造林面積：再造林 2.1 万 ha, 拡大造林 3.6 万 ha 保安林面積：1,196 万 ha（うち国有林 687 万 ha） 林業就業者数 6.9 万人
2011	平成 23		人口，本格的減少始まる	森林法改正（「森林施業計画」を「森林経営計画」に変更，森林の土地の所有者届出制度の新設等）
2012	平成 24	森林・林業再生基盤づくり交付金制度		国有林野の管理経営に関する法律等の改正（国有林野事業特別会計の廃止等）
2013	平成 25			国有林野事業の一般会計化
2014	平成 26			

索引

CPR (Common-pool Resources)　116
crown (樹冠)　4
FAO (Food and Agriculture Organization)　1
FRA 2010　19
GDP 成長率　40, 42
MDF　74
OPEC (Organization of the Petroleum Exporting Countries)　3
PE (Project Evaluation)　122
PV (Present Value)　121
slash and burn (agriculture)　22
U 字型仮説　20, 47

ア行

亜寒帯針葉樹林　14
亜寒帯林　17
秋田杉　29
遺産価値　110
維持管理　108
入会山　28
入会林野近代化法　134
失われた 20 年　42
営林監督制度　47
御林　32

カ行

外材　72
皆伐　22
外部経済性と外部不経済性　117
抱山　29
価格弾力性　78
価格理論　62
家計　117
仮想評価法　110
紙・板紙　56
環境クズネッツ曲線　21
観光　104
完全競争市場　86
完全市場均衡　94
官民有区分　31
官有地　31

機械化　134
企業　117
規制　134
季節林地帯　7
木曽五木　29
既発展国　19
規模拡大　134
基本法　133
キャピタライゼーション　31, 119
供給　82
供給曲線　91, 95
行政指導　136
行政村　37
協同組合　131
均衡価格　82, 91
禁伐　134
クズネッツ曲線　20
クラブ財　116
計画経済　85, 88, 89
計画経済と市場経済　89
経済主体　117
経済成長率　40
経済的活動　117
経済発展の尺度　21
経済発展論　39
限界効用　99, 102
限界効用逓減　99
限界費用　96
限界費用逓増　101
現在価値　121
顕示選好法　110
原生林　12
県有林　34
権利の所在　127
公益的機能　117
交換　90
工業国　5
公共財　114, 115
公共財供給の最適条件　114
厚生経済学　91
厚生経済学の基本定理　101, 114

高度成長期　43
購買力平価　19
合板　54
公有林　27
効用　90, 91
効率性　89
効率的　89, 91
国際連合（国連）　1
国産材　72
国土保全機能　103
国内総生産　19
国有化　24
国有土地森林原野下戻法　36
国有林　27, 118
国連食糧農業機関　1
個人主義的社会厚生関数　93
個人的消費　115
コースの定理　125, 128
御料林　35

サ行

財産区　27
再配分　89
指値　84
産業用材　22
酸素供給機能　111
時間選好　120
施業　134
施業案　48
施業規制　45
施業要件　135
資源配分　92
市場均衡　82, 87-89, 91
市場経済　86-89
市場経済と計画経済　89
市場の失敗　114
市制・町村制　36
市町村合併　37
市町村有林　38
実測面積　34
私的財　115
資本　68
資本集約的な経済発展　24
社会厚生　92
社会体制論　84, 89
奢侈財　63
従属変数　74

集団的な消費　115
私有林　27
樹冠投影面積率　5
需給均衡　91
需要　82
需要曲線　91
小国の仮定　76
消費活動　117
消費者　117
消費者余剰　88, 99, 101, 105, 108
縄文杉　112
照葉樹林　10
将来財　118
植林　18
所得　62
所得弾性値　63
所得弾力性　63
所得と薪炭材需要（両対数）　64, 66
所得とパルプ需要（両対数）　64, 66
所得分配　92
ジョン・ロールズ　93
人口成長率　43, 45
人工造林　18
人口の減少期　45
人口密度　20
人工林　10
人工林・天然林・竹林・無立木地の区分　26
薪炭　28
薪炭材　54
森林組合　47, 131, 134
森林組合法　131
森林経営計画　48
森林計画　131
森林減少　18
森林減少のメカニズム　24
森林資源　117
森林所有者　131
森林増加　18
森林の長期性　17
森林法　45, 130
森林面積　15, 16
森林率　16
森林・林業基本計画　133
森林・林業基本法　131
森林・林業白書　131
水源かん養　135
水源かん養機能　103, 117

水源かん養保安林　45
水源林　117
ストック概念　69
製材品　54
生産活動　117
生産者余剰　88, 100
生産森林組合　131
生産費用　82, 84, 86
生産物価格　80
背板　54, 56
成長の限界　3
成長量　12
政府の失敗　118
西暦 2000 年の地球　4
世界森林資源評価　3
全国森林組合連合会　131
戦略バイアス　111
相続税　135
総余剰　101
疎林　5
存在価値　110

タ行

第一次オイルショック　42
耐久消費財　68
代替法　111
台帳面積　34
弾性値　63
炭素固定機能　111
弾力性　63
地価　109
地券　30
地租改正　29
地代　109
チップ　56
中位成長期　43
中央値バイアス　111
超過供給　87
超過需要　87
地利級　82
通損補償　134
低成長期　43
定置耕作　23
転換点　40
伝統的移動耕作　22
天然林　11
転用　134

特別地方公共団体　37
独立変数　74
土砂崩壊防備　103, 135
土砂崩壊防備保安林　45
土砂流出防備　103, 135
土砂流出防備保安林　45
留木　29
留山　29
取引費用　127

ナ行

縄縮み　34
縄延び　34
南洋材　75
二次林　11
二部門経済論　39
入場料　106
入島税　105
熱帯多雨林　10
熱帯林　4, 7
農村経済　40
軒下国有林　32

ハ行

バイアス　111
廃材　57
排除　115
幕藩有林　31
伐採許可　134
伐採権　24
伐採届　134
発展途上国　2, 19
パーティクルボード　74
パルプ　54
パレート　91
パレート改善　89, 91, 94
パレート効率　91, 92
パレート効率性　89
パレート最適　91, 92, 114, 125, 128
版籍奉還　29
必需財　63
非伝統的移動耕作　22
1 人あたりの森林面積　17
非木材生産物　103
百姓山　29
費用　114
費用逓減産業　117

費用・便益分析　122
表明選好法　110
普通財　62
不要存置国有林野　36
プランテーション　23
フロー　69
プロジェクト評価　122
分配　90
閉鎖林　5
ヘドニック価格法　109
便益　114
ベンサム型社会厚生関数　93
変動相場制　81
保安林制度　45
萌芽更新　12
法と経済学　128
訪問率需要曲線　106
法律の段階構造　133
保健休養機能　103
ポール・サミュエルソン　110, 114

マ行

丸太換算　54
緑のダム　104
民有地第二種　32
村持山　28
無立木地　6
木材需要　54
木材使用原単位　69
木材生産機能　103

木材チップ　74
木材統制　48
木材輸入　47

ヤ行

山明け　37
輸入開始価格　75
用材　22

ラ行

ラワン材　60
離散　122
利潤　86, 87, 117
利回り　119
留保価格　84-86, 88
良心的独裁者　85, 88
旅行費用法　104
林業基本法　131, 134
林業構造改善事業　134
林業事業体　134
林政審議会　133
林政統一　36
林道　134
林野制度　26
劣化　10, 22
劣等財　62
ローマクラブ　3

ワ行

割引率　120

著者略歴

永田　信（ながた・しん）

1952 年　東京都に生まれる．
1974 年　東京大学農学部卒業．
1976 年　東京大学大学院農学系研究科林学専門課程修士課程
　　　　 修了．
1983 年　米国イエール大学大学院博士課程修了，Ph.D.（経済
　　　　 学）．北海道大学助教授（経済学部），東京大学助教
　　　　 授（農学部），東京大学教授（農学部）を経て，
1996 年　東京大学大学院農学生命科学研究科教授．
　　　　 この間に 1987 年 8 月-1988 年 3 月にフィリピン大学
　　　　 客員助教授（経済学部），日本森林学会会長，林業経
　　　　 済学会会長などを歴任．
主　著　『社会開発と林業財政』（分担執筆，1976 年，宗文館），
　　　　 『森林資源の利用と再生――経済の論理と自然の論
　　　　 理』（共著，1994 年，農山漁村文化協会），『改訂　現
　　　　 代森林政策学』（分担執筆，2012 年，日本林業調査
　　　　 会）ほか．

林政学講義

2015 年 11 月 20 日　初　版

［検印廃止］

著　者　永田　信

発行所　一般財団法人　東京大学出版会
　　　　代表者　古田元夫
　　　　153-0041　東京都目黒区駒場 4-5-29
　　　　電話 03-6407-1069　Fax 03-6407-1991
　　　　振替 00160-6-59964

印刷所　研究社印刷株式会社
製本所　牧製本印刷株式会社

© 2015 Shin Nagata
ISBN 978-4-13-072065-6　Printed in Japan

JCOPY　〈(社)出版者著作権管理機構　委託出版物〉
本書の無断複写は著作権法上での例外を除き禁じられています．
複写される場合は，そのつど事前に，(社)出版者著作権管理機構
（電話 03-3513-6969，FAX 03-3513-6979，e-mail:info@jcopy.or.
jp）の許諾を得てください．

宇沢弘文・関良基編
社会的共通資本としての森 ——A5判／344頁／5400円

井上真・酒井秀夫・下村彰男・白石則彦・鈴木雅一
人と森の環境学 ——A5判／192頁／2000円

武内和彦・鷲谷いづみ・恒川篤史編
里山の環境学 ——A5判／264頁／2800円

武内和彦・渡辺綱男編
日本の自然環境政策
自然共生社会をつくる ——A5判／260頁／2700円

川島博之
世界の食料生産とバイオマスエネルギー
2050年の展望 ——A5判／320頁／3200円

山下詠子
入会林野の変容と現代的意義 ——A5判／272頁／4600円

泉桂子
近代水源林の誕生とその軌跡
森林(もり)と都市の環境史 ——A5判／304頁／5800円

生源寺眞一
現代日本の農政改革 ——A5判／286頁／5000円

東京大学アジア生物資源環境研究センター編
アジアの生物資源環境学
持続可能な社会をめざして ——A5判／256頁／3000円

小宮山宏・武内和彦・住明正・花木啓祐・三村信男編
サステイナビリティ学[全5巻] ——A5判／192〜224頁／各2400円

ここに表示された価格は本体価格です。ご購入の際には消費税が加算されますのでご了承ください。